U0960190

滇之寺庵山水理法析要：

以鸡足山为例

张学玲 著

天津大学出版社
TIANJIN UNIVERSITY PRESS

滇之寺庵山水理法析要：以鸡足山为例 | DIAN ZHI SI AN SHANSHUI LIFA XIYAO：YI JIZU SHAN WEI LI

图书在版编目（CIP）数据

滇之寺庵山水理法析要：以鸡足山为例 / 张学玲著
. -- 天津：天津大学出版社，2023.10
ISBN 978-7-5618-7471-4

Ⅰ. ①滇… Ⅱ. ①张… Ⅲ. ①佛教－寺庙－建筑艺术－研究－大理白族自治州 Ⅳ. ① TU-885

中国国家版本馆 CIP 数据核字（2023）第 081410 号

出版发行　天津大学出版社
地　　址　天津市卫津路 92 号天津大学内（邮编：300072）
电　　话　发行部：022-27403647
网　　址　www.tjupress.com.cn
印　　刷　北京虎彩文化传播有限公司
经　　销　全国各地新华书店
开　　本　787 毫米 × 1092 毫米　1/16
印　　张　13.75
字　　数　305 千
版　　次　2023 年 10 月第 1 版
印　　次　2023 年 10 月第 1 次
定　　价　69.00 元

前言

近现代以山岳型寺庵园林为对象的风景园林研究相继开展，较多聚集在历史文化深厚、寺庵较多的江南、西北、中原等地区，对于既有独特的历史发展背景，又具多样民族文化特征的云南寺庵园林研究则相对稀缺，相关寺庵园林及其山水理法亟待研究拓展。云南鸡足山古处中原文化与印度文化过渡地带，又处具有“妙香佛国”之称的大理白族自治州内，并为藏传佛教、汉传佛教、南传佛教的分界点，是具有地域性、山岳型、宗教代表性的历史名山。鸡足山自明代始即与我国四大佛教名山并称域内，其规模与质量均在同时代的佛教名山中名列前茅，成为滇之寺庵山水理法集大成者。

本书从风景园林学视角出发，基于地方志、鸡足山志、明清游记、古代诗文、楹联碑刻等古籍资料，从名山缘起、资源梳理、历史沿革、寺庵考证、园林理法、文化意匠等方面深入分析与研究，总结鸡足山寺庵山水环境运营理法和规律，揭示鸡足山多元文化与寺庵山水环境之间的呼应关系。

首先，本书针对寺庵山水环境的含义和特点、研究价值和意义进行分析，结合相关文献综述、研究成果梳理文章脉络，并对印度佛教、佛寺园林和我国佛教宗派、佛寺园林特点进行概述，梳理云南佛教、佛寺历史发展脉络和特点。

其次，本书对鸡足山历史区位进行分析，并总结其自然资源和人文资源特征，为名山形成、历史沿革和园林理法等综合分析做好基础工作。之后对鸡足名山形成进行辨析和总结，并根据寺庵建设发展情况进行历史脉络梳理，同时对鼎盛时期的“大寺八，小寺三十有四，庵院六十有五，静室一百七十余所”进行考析。

再次，本书对鸡足山寺庵园林理法加以分析。基于实地踏看寺庵分布情况，结合山志、游记、碑刻等古籍资料对古代总体寺庵位置分布进行探讨，继而对寺庵择址特点、择址意象、空间布局、借景意匠、植物营构进行综合分析，对明代八大寺从择址择胜、建筑营建、园林造景等方面做进一步分析并总结其特性，归纳出鸡足山寺庵园林环境蕴含的多元文化和运营审美的思想观。

最后，析史以为今之鉴，本书结合以上阐释形成鸡足山寺庵山水环境的保护与发展的建议和对策。

本书系国家自然科学基金青年项目（52108036）、北京建筑大学2022年“双塔计划”—“金字塔人才培养工程”英才项目（JDYC20220802）和北京市属高校基本科研业务费项目（X21047）资助研究成果。

目录

第1章 绪论

- 研究背景
- 寺庵山水环境释名
- 研究目的和意义
- 相关研究综述
- 全书框架

1.1 研究背景

植根于华夏文化沃土之上的中国园林，持续发展了三千年之久。中国园林，作为中国文化宝库中一颗璀璨的明珠，之所以能屹立于世界东方，熠熠生辉，历久弥新，与其受中国传统哲学影响不无关系，甚至可以说，中国传统哲学即为中国园林的灵魂。

宗白华曾说："各个美术有它特殊的宇宙观与人生情绪为最深基础。"中国园林就属于其所谓的这样一种"美术"，它融糅了中国儒释道的哲学观与文人雅士的人文情怀，通过摹山范水，移天缩地，将自然中的大地山川、风景名胜缩摹于一方天地中，创造了如此博大精深的园林体系。

1.1.1 研究佛寺园林之因由

佛寺，对于僧团来讲，不仅是僧侣居住生活的场所，同时也是修习研学的地方；对于佛教信徒来说，也承担着举办佛事活动的功能。佛教寺院不但是宗教的组织而且是政治的组织，寺院文化也是政治经济生活的反映。因此，佛寺是佛教存在的基础，僧侣和佛教信徒的活动以寺院为中心而开展。可以说，佛寺在社会中从宗教、政治、文化、教育等方面承载着联系功能。

首先，在现存园林中，佛寺园林的遗存数量可以说多于位居主流的皇家园林和私家园林。选址上，无论城市、近郊还是远离城市的自然景观优美的风景胜地，都有佛寺的踪影。同时，佛寺园林作为宗教场所，不免在建设过程中受到佛教理论学说的影响，探究佛家理论与园林之间的联系，为枯燥的学术研究增添了一分神秘与趣味。

再者，佛寺园林涉及对象广泛，往来有虔诚的信徒、香客以及不同身份的游人，因此佛寺园林的景观内涵要更丰富以满足不同对象的需求。佛寺园林具有公共游览性，除特别的僧人活动的功能空间外，其他空间均向公众开放。佛寺园林所处地区风景优美、自然生态良好，逐渐形成以佛寺为中心的风景名胜区，因此此方面的研究扩展具有一定的现实意义。

最后，佛寺园林历史悠久，自东汉时开始建有洛阳的白马寺，《洛阳伽蓝记》有云，北魏最盛时"王侯贵臣，弃象马如脱履；庶士豪家，舍资财若遗迹。于是昭提栉比，宝塔骈罗，争写天上之姿，竞摹山中之影。金刹与灵台比高，广殿共阿房等壮。"佛寺历来为文人雅士、社会名流幽居归隐、修身养性之所，也为帝王驻跸之处，因此遗留下来的碑刻、诗文等文物古迹不胜枚举，文化积淀深厚，园林艺术精华荟萃，可以说是人文景观与自然景观融糅之奇葩，这些精华和文化遗存值得研究和继承。

1.1.2 研究云南鸡足山之缘起

1. 白族少数民族文化与佛教文化融糅之代表

云南地处我国西南边陲，是中国通向东南亚、南亚的陆上走廊。云南少数民族众多，是我国少数民族种类最多的省份。无论少数民族人口的绝对数，还是所占全国少数民族人口的比重，云南均居全国第二位（仅次于广西）。这里的少数民族依托得天独厚的自然环境，繁衍生息，在长期与自然共处的过程中结合各民族传统，逐步发展出其独有的民族文化。

这里的少数民族大多表现出相对隔绝又多样的社会形态，因此在文化传承与发展方面一直具有稳定性、特殊性、差异性。而文明程度较高、较发达的少数民族则结合其民族生产、生活以及风俗习惯，因地制宜逐步形成了一套符合民族审美理想的园林形式。如相对富庶的大理、丽江、西双版纳地区的少数民族在其漫长的发展历程中，形成了独具魅力和特色的少数民族园林。云南少数民族中的图腾崇拜、宗教意识、民俗风俗等民族文化为当代的园林研究和设计提供了宝贵而丰富的资料。

鸡足山位于大理白族自治州境内，处于大理国家级风景名胜区中，民族族别主要以白族为主。大理地区的白族人民于唐末时期笃信佛教，《纪古滇说集》记载，居民家中无论贫富都建有佛堂，沿山寺宇极多，礼佛游玩者络绎不绝。到明代，大理佛教发展则以鸡足山的兴盛为代表，因此鸡足山融糅了以白族为代表的少数民族文化和佛教文化。

2. 古代寺庵建设规模曾达“大寺八，小寺三十有四，庵院六十有五，静室一百七十余所”

鸡足山基于天然“雄、秀、幽、奇”的自然景观及特殊宗教背景，自古以来便是名人雅士、高僧隐者向往而朝拜的灵山圣地。到明末清初发展至鼎盛，据清代《鸡足山志》及相关史料记载，寺庵建设数量达“大寺八，小寺三十有四，庵院六十有五，静室一百七十余所”的宏大规模，可谓“金殿空中香迷雾，十里松风吹不断”，与峨眉、九华、普陀、五台四大佛教名山不相伯仲。

3. “奇山尽收今古胜”，园林景观类型丰富

鸡足山自然景观类型丰富，据载山上千崖竞秀，百涧争鸣。古代人文景观多样，《鸡足山志》记载寺庵建筑群遍布危崖山冈峡谷，茫茫林海中隐约可见松风塔影、幽深古刹，一处处险峰峭壁和星罗棋布的佛寺建筑群交相辉映，构成一幅绝妙的佛地洞天之奇异景观，可谓“鸡足奇秀甲天下”。明代地理学家徐霞客曾两次登山览胜，为鸡足山著名的“四观”“八景”写下了不朽诗篇，赞颂鸡足山“奇山尽收今古胜”，并为一顶萃天下之四观而感叹不已：“海内得其一，已为奇绝，而况乎全备者耶？此不特首鸡山，实首海内矣。”

4. 蕴含丰富的历史文化

鸡足山兼收并蓄、劲健古朴，集佛教地理风光、历史人文为一体，自古以来，一直是中外佛教徒向往的圣地。鸡足山被称为迦叶道场，在历史长河中，高僧辈出，文人墨客荟萃，他们讲经、说法、著书、建寺，极大地丰富了鸡足山园林文化，遗留下的古代诗文、画卷、碑记等成为珍贵的文化遗存，文化、历史、艺术价值难以估量。

5. 一山三种气候带，动植物资源丰富，生态环境优良

鸡足山地处亚热带和温带的过渡地带，地形地貌复杂，立体气候明显，垂直高差大，一山有三种气候带，即干热河谷气候带、温暖湿润的山地气候带、温凉潮湿的亚高山气候带。这为植物区系的演化和发展提供了多样的环境条件。山中植被类型丰富，植物具有典型的滇中高原植物区系的特征。同时天然森林茂密，珍贵的野生动植物繁多，据统计该地区目前有獐、豹、熊、猿猴、狼、狐狸、孔雀、鹦鹉等30余种珍贵物种。

1.2 寺庵山水环境释名

1.2.1 寺庵

“寺”，古代原为特定的官署。如《说文》中云：“寺，廷也，有法度者也。”《三苍》《广雅》中又云：“寺，官舍也。”《汉书・元帝纪》注中记载：“凡府廷所在，皆谓之寺。”直到东汉明帝时，高僧摄摩腾以白马驮佛经自西域来到洛阳，下榻鸿胪寺，后建造白马寺，此后名浮屠所居皆曰“寺”，以“寺”作为佛教僧侣礼拜、讲经的处所，即作为中国佛教建筑的专称。

在佛教传入中国之后的相当长的时间里，人们也用梵语音译过来的“伽蓝”或“僧伽蓝摩”的称谓来指佛寺。“僧伽”指僧团、大众，如《大智度论》卷三曰：“云何名僧伽？僧伽秦言众，多比丘一处和合，是名僧伽。”《翻译名义集・寺塔坛幢》又解释道：“僧伽蓝译为众园。”“僧伽蓝摩”即为僧众所住的园林，又名丛林。《大智度论》卷三对“丛林”进一步解释为僧众共居一处，如树木之丛聚为林，因此，佛教中也常泛称“寺”为丛林。所以，“寺”也就有广义的含义，即同一地域内诸多佛教寺院组成的一个整体，即“丛林”。

“庵”，古作菴，原意为出家者、退隐者远离村落所居之屋舍，系以草木覆盖而成之简陋小屋。古代庵又可称为草庵、蓬庵、茅庵、禅庵、庐庵、庵室等，多为僧俗隐居修行之所。后

世亦有特称比丘尼之住所为庵，然佛教中"庵"，原本通指僧或尼之寺，并不限于比丘尼所住之寺。又自古以来称"庵"者，多规模较小，不能与大寺丛林比况。由此可见，"庵"可指佛教中规模较小、布置简陋、规制简单的修行寺院。本书中还有一种规模更为简陋的佛寺建筑即"静室"，指寺院住房或隐士、居士修行之室。

综上所述，"寺庵"特指佛教徒进行宗教活动和修行居住的场所，也泛指佛教建筑。需要特别强调，"寺庵"不限于"寺院"和"庵院"，也包含"静室"等佛教建筑。如果书中特指某寺、某庵，即为"寺院"和"庵院"代指。

1.2.2 山水环境

孟兆祯院士认为园林是由"园"发展而来的，园林是由"园"和"林"组成的复合名词，是由人工兴造的"园"与自然生成的"林"（山林地）融会一体而形成的景物。明代计成在《园冶·相地·山林地》中也论及："园地惟山林最胜。有高有凹，有曲有深；有峻而悬，有平而坦。自成天然之趣，不烦人事之工。"其中的山林即指大自然的山地与林木。由此可见，"园林"涵盖着自然山林，唯有自然（第一自然）与人工（第二自然）相结合方能称得上园林中之佳构。

对于园林内容的组成，孙筱祥先生则提出，园林是由地形地貌和水体，建筑、构筑物和道路，植物和动物等素材，根据功能要求、经济技术条件和艺术布局等方面综合组成的统一体。清华大学周维权先生也对园林进行了较详细的阐释，他认为园林为在一定的地段范围内，利用、改造天然山水地貌，或者人为地开辟山水地貌，结合植物栽培、建筑布置，辅以禽鸟养畜，从而构成一个以追求视觉景观之美为主的赏心悦目、畅情舒怀的游憩、居住的环境。

可见，园林不仅仅是各类要素的简单组合，而是人为地利用、改造自然山水地貌，同时辅以建筑、植物等要素，艺术化地处理润饰，以取得"境仿瀛壶，天然图画，意尽林泉之癖，乐余园圃之间"的天然境界。对于园林的范围及界限，汪菊渊院士则认为"其范围可以小到住宅内庭院中几十或者上百平方米……还可以大到包括山峦壑谷、溪涧泉石、平原江湖，面积达数十、数百、上千平方公里的一个自然区域"。综上，从诸位方家从不同角度对"园林"进行的阐释可以看出，园林和山水环境有着密不可分的关系。

《园冶》中有云："夫借景，林园之最要者也。"园林的精髓在于"巧于因借"的借景理法，借山水林泉、山石形体、风云变幻等自然风景，借诗词歌赋、历史传说、名人逸事等人文环境，此中自然风景与人文环境即构成了园林中的山水环境。因此，文章认为山水环境具有自然属性和人文属性，包括自然山水环境、人工景观环境和园林文化等方面。

1.2.3 寺庵山水环境

中国古典园林种类繁多，如果按照园林的隶属关系加以分类，中国古典园林可以归纳为若干个类型，其中主要的三个类型为皇家园林、私家园林、寺观园林。可见，寺观园林是中国古典园林中的重要分支。寺观园林，即佛寺和道观的附属园林，也包括寺观内部庭院和外围地段的园林化环境。

东汉时期佛教经西域传入我国，到魏晋南北朝时期，随着佛教思想的传播与兴盛，佛寺建筑如雨后春笋般大量涌现，《洛阳伽蓝记》记载，北齐时全国佛寺约有30000多座。寺庵作为参禅修炼的场所，受佛教思想的影响，力求营造清净、庄严、肃穆的氛围，选取静谧、清幽的环境。于是，参禅修行的僧众以自然山水为骨架构景，在山林中筑寺隐修，从而促进对自然风景区的开发和利用。由此，寺庵园林作为一种宗教园林形态也相应出现。与此同时，信众受释迦牟尼佛舍“太子园”建精舍和佛经中“施佛塔庙，得以千倍报”等思想的影响，以园为寺、舍宅为寺。从而，寺庵园林在兴建之初便与山水园和宅园结缘，具有了“寺园一体”的特色。

按照选址及园林构景等特征，可将寺庵分为山岳型、城市型、自然水域型、综合型等。由于佛教特殊的宗教气氛，对环境讲究林木繁茂、隐秘清幽；不同于世俗却有利于修行参禅的意境，因此我国寺庵多修建于风景优美的山岳地带。自然的山水赋予了寺庵丰富多样的景观元素，曲折的路径、陡峭的山岩、幽深的洞壑、遒劲的古树、潺潺的溪水等，结合寺庵建筑物等人工营造的景观，二者和谐共生，不仅营造了浓厚的神秘宗教气氛，又彰显了园林艺术的精妙绝伦。

综上所述，对于本书提出的寺庵山水环境，即基于风景园林学背景，从整体的视角出发，由寺庵构成的总体园林化环境空间，主要指与寺庵相关的以山水地形为构景主体的自然与人文景观。

1.3 研究目的和意义

1.3.1 宏观方面

鸡足山寺庵园林具有得天独厚的地理和资源优势，别具特色的少数民族风俗、汉藏交融的宗教文化、独特而丰富的地形地貌、多姿多彩的动植物资源及良好的生态环境，这些优良而与众不同的条件赋予了鸡足山寺庵园林丰富内涵。因此，分析鸡足山寺庵园林环境的营造特色，对丰富我国园林研究及保护开发佛教名山具有典型意义。

1. 丰富我国山岳型佛寺园林研究

佛寺园林是我国古典园林分类体系中三大主流园林之一，而根据佛寺选址及构景特色等特征，佛寺可分为山岳型、城市型、自然水域型等。中国佛寺的一个典型特征就是以山寺为主。山寺即山岳型佛寺，其园林依托名山大川，与风景名胜相结合，创造出优美独特的景观环境。鸡足山处于滇西北云贵高原大理风景名胜区内，地形地貌类型丰富，因此研究鸡足山寺庵园林环境可进一步丰富我国山岳型佛寺园林理论研究。

2. 填补少数民族文化与佛教文化融糅之园林环境研究的空白

鸡足山独特的历史区位与自然环境发展了以白族文化为代表的少数民族文化和以禅宗文化为代表的佛教文化，彰显民族文化与佛教文化思想交融之精髓。对于少数民族园林艺术的研究尚处空白阶段，只有马建武教授的《云南少数民族园林景观》一书中稍有涉猎，针对白族园林艺术的研究更是凤毛麟角，因此对于鸡足山寺庵园林环境中的园林文化研究，可稍许充实少数民族园林文化理论研究，并填补少数民族文化与佛教文化交融而表现出的园林环境研究的空白。

3. 对促进中外文化艺术交流具有积极意义

很久以前，聚居在云南地区的古人类，通过陆路和水路到达马来半岛以及亚洲各地，促进了寺、庙、塔、窟文化艺术的交流。到了近代，随着交通的改善和经济文化的交往，这种交流日趋频繁，寺、庙、塔、窟成为云南人民与亚洲各国人民传统友谊的见证。云南鸡足山是名播南亚、东南亚的佛教名山，又是禅宗祖师迦叶尊者的道场。佛教寺庵历史悠久，文化内涵丰富，蕴含众多佛教史迹和名人故事，拥有古代文人雅士题刻的诗文、碑记等，自然景观和人文景观交相辉映。因此，鸡足山寺庵园林环境研究对促进中外文化艺术交流具有积极意义。

4. 有助于风景名胜区可持续发展

“天下名山多禅林，星移斗转传世珍。”鸡足山是国家级风景名胜区，是大理风光的重要组成部分，在云南的名山风景中占有重要地位。保护风景名胜，开发风景名胜，建设风景名胜是一直以来受到广泛关注和重视的问题。自然环境与人文资源的有效保护和利用是实现风景名胜区可持续发展的重要条件，因此对于鸡足山寺庵园林环境方面的研究不仅可以有效解决风景名胜区资源保护与开发利用的矛盾问题，同时有助于大理风景名胜区的可持续发展。

5. 对地域自然与人文景观恢复具有现实意义

传统地域文化景观应是指导我国地域发展和建设的重要依据,是科学发展观的重要体现。然而随着城市快速发展，地域文化景观不断遭到破坏，地域自然与文化景观面临巨大的冲击。

面对地域自然与文化景观的毁坏和缺失，地域性园林研究已成为风景园林学科重要的研究方向，展现地域自然景观与文化景观特征逐渐成为风景园林文化主要内涵。作为地域特征显著的鸡足山寺庵人文景观已遭到严重破坏甚至泯灭，因此本书以古代鸡足山寺庵园林研究为视角，对鸡足山乃至大理地区的地域自然和人文景观恢复具有重要而现实的意义。

1.3.2 微观方面

古代鸡足山奇异多彩的自然景观和星罗棋布的梵刹建筑群，构成了绝妙的“佛地洞天”，自古以来，一直是中外佛教徒朝拜的圣地，也是中外游客游览的胜地。然而在“文化大革命”时期，鸡足山中寺庵等佛教建筑惨遭毁坏，园林环境破败不堪，如今多数寺庵遗迹已湮没于荒草倒木之中。

随着国家对风景名胜区的保护与利用愈发重视，鸡足山寺庵环境的建设和恢复成为迫切且重要的事情。因此本书梳理鸡足山寺庵历史渊源及发展脉络，实地踏看寻找寺庵遗迹，并深入分析研究古代鸡足山寺庵园林环境理法与园林文化，不仅对鸡足山寺庵园林的保护和复建具有积极且现实的指导意义，还为鸡足山风景名胜区的发展规划提供有力的参考依据，使其旅游开发建设更加科学、合理，从而实现历史与当下风景园林的紧密结合。

1.4 相关研究综述

1.4.1 寺庵园林研究

寺庵园林是我国古典园林中较为重要和富有特色的一类。儒、释、道构成了我国传统文化的基本格局，其中以佛教为代表的“释”是我国传统文化体系中重要的文化形式，其留存下的经、律、论三藏以及相关舆志、传记等众多佛教古籍文献资料，成为研究佛寺园林的重要历史依据。如经藏中的《佛说阿弥陀经》《佛说大乘无量寿庄严经》等描述了极乐佛国园林形式，包括建筑样式、植物配置、山水景观等的记述，为佛寺园林宗教气氛的营建研究提供了理论依据；律藏中的《四分律》《僧祇律》对寺院僧人生活起居、宗教仪轨等行为模式以及对佛寺建筑中以佛塔为主体的布局模式的规定等，对研究佛寺园林具有重要参考价值；其他古籍如《洛阳伽蓝记》《关中创立戒坛图经》《敕修百丈清规》《金陵梵刹志》《钦定日下旧闻考》等有诸如佛寺的分布、建筑营建、植物景观营造等方面的记载，为研究历史各个时期的寺庵园林提供了重要思路和依据。

近现代对佛寺园林研究侧重点不同，研究成果多样丰富。如周维权先生的《中国古典园林史》、安怀起的《中国园林史》、张家骥先生的《中国造园论》、罗哲文的《中国古园林》、陈植的《中国造园史》等，从历史沿革角度对佛寺园林进行了梳理和研究；赵光辉教授的《中国寺庙的园林环境》从佛寺园林营造和布局手法以及环境借用和处理上进行研究。佛寺建筑方面的开山之作当属梁思成先生的《中国的佛教建筑》和《图像中国建筑史》，对中国佛寺建筑历史发展和演变脉络进行了总体归纳和论述，类似专著又见刘敦桢的《中国古代建筑史》、潘谷西的《中国建筑史》。傅熹年的《中国古代城市规划、建筑群布局及建筑设计方法研究》则从古代佛寺建筑设计方法层面上开展了研究。王贵祥的《东西方的建筑空间——传统中国与中世纪西方建筑的文化阐释》，罗哲文、王振复的《中国建筑文化大观》则深入文化层面对佛寺建筑进行了研究。介绍中国古代佛寺建筑不同风格和特点的有李允钚 的《华夏意匠：中国古典建筑设计原理分析》、张十庆的《中国江南禅宗寺院建筑》、侯幼彬的《中国建筑美学》等论著。涉及寺庵园林美学及文化方面研究较权威的有王毅的《园林与中国文化》及《中国园林文化史》、曹林娣的《中国园林文化》、李泽厚的《美的历程》、宗白华的《美学散步》等著作，其对寺庵园林的美学特征和文化特色进行了详细的研究和总结。

除了专著外，仍有多位学者以论文的形式展示了对佛寺园林方面研究成果，如北京林业大学赵鸣教授论述了传统思想与文化对寺庵相地选址及园林布局产生的影响，清华大学袁牧从规划背景、功能布局、哲学思想三个主要层面对我国当代汉地佛教建筑进行理论研究和论述，华中师范大学李祥妹则研究得出寺庵园林环境和建筑布局体现出中国人理想的景观模式，浙江农林大学金荷仙等人则从儒、释、道三家思想的角度对寺庵园林植物造景特色进行了研究，等等。

1. 山岳型寺庵园林研究

《增广贤文》有云：“世间好语书说尽，天下名山僧占多。”这句话道出了我国古人善于山林中建寺的现象。自古以来，大小名山都会出现寺庵踪影，因此对于山岳寺庵园林研究也成为寺庵园林的主要方面。其中研究全面且广泛的论著当属周维权先生的《中国名山风景区》，该书对我国主要风景名山进行了汇总和介绍，并阐述其研究思路和框架，即包括总体布局、道路布设、基址选择、建筑营构、园林经营等方面。潘谷西先生在《江南理景艺术》中则对名山理景艺术做了详细介绍。

现代学者对于山岳型寺庵园林研究多集中在我国“五大名山”“佛教四大名山”上，如山东农业大学刘敏、山东农业大学刘兵、山东农业大学王婷等分别对泰山风景名胜区景观营造、人文景观、建筑空间营造与评估等方面进行了较详细的研究；北京林业大学肖遥、重庆大学周翔等分别对峨眉山风景名胜景观理法和景观序列营造进行了分析研究；山西大学毕晋锋、太原理工大学曹如姬等分别对五台山文化景观和寺庙建筑布局进行了研究。

2. 地域型寺庵园林研究

通过文献整理研究发现，地域型寺庵园林研究具有比较突出的特点。从研究文献所属地域范围来看，其多集中在我国山西、江苏以及河南等佛寺聚集且历史积淀丰厚的地区。

1）华北地区

北京林业大学仇银豪从风景园林的角度对北京藏传佛教寺院环境进行了较为详细的梳理和研究。河北农业大学石晶晶则对北京藏传佛寺和汉传佛寺环境进行了比较研究。

2）华中地区

郑州大学梅腾和华中农业大学娄飞则分别对河南地区寺庵园林建筑和环境进行了研究。太原理工大学的梁毅对山西地区山地佛寺园林景观进行了研究。申宇从风水、礼制角度对建筑空间进行了研究。

3）华东地区

西南大学何信慧选择灵隐寺、西园寺、天童寺等江南地区富有代表性的佛寺，从其园林择址、布局、空间处理、植物营造、意境营建等方面进行阐述和剖析以总结江南佛寺园林特征。南京工业大学朱迪则以禅意为切入点对江南地区佛寺园林空间进行研究。南京农业大学施侠、浙江大学朱静宜等分别对南京、杭州地区佛寺园林进行了相关研究。

4）西南地区

对于云南地区寺庵园林方面研究较少，且集中在佛寺建筑和植物配置方面，如马建武等针对云南西双版纳傣族佛寺的植物景观进行了初步研究；昆明理工大学的郭蓉对寺庙园林中的植物景观特征进行研究；杨大禹则对云南地区寺庵建筑特征进行了研究和探讨。

此外，还有学者针对福州、巴蜀地区的寺庵园林进行了研究和探讨，以上研究成果为本书鸡足山寺庵园林研究提供了参考和借鉴的思路。

1.4.2 鸡足山相关研究

1. 古籍类

我国古代的文献常见于书、志、记、表中。

（1）“书”，即信函、信札，是一种应用性文体，多记事陈情，如抒情类中嵇康的《与山巨源绝交书》、写景类中吴均的《与朱元思书》等。

（2）“志”，即记事的书或文章，如方志、专志等。我国自古以来就有编修方志的文化传统，方志一般较为详细地记载某一地域的历史、地理、沿革、风俗、人物、名胜、古迹、教育以及诗文、著作等。其具有分门别类，取材丰富的特点，为研究历史等方面提供了重要而珍贵的文献参考资料。与本书研究相关的重要专志种类还有山志，山志是地方志的一个次文类，为传统地方史志的一种类型，主要记述山川名胜的相关信息，往往保存着风景名山的历史原始资料，是研究和解决风景名山历史问题的重要依据。

（3）“记”则是以记载为主的文章等。“记”可以追溯到《礼记·学记》，最开始是记录圣贤之言以及学者对经书的解释的实用文，后由于古文运动，“记”从据实载录、录言载事的实用文转变成为抒我胸臆、遣我情怀的文艺文。这样的文体既可以记人、记事，又可以记山川名胜，记器物建筑，因此又被称为“杂记”，兼有议论、纪实和抒情的成分。

（4）“表”，主要是采用表格形式编纂记录的著述，如《三代世表》等，或成为奏章的一种，如诸葛亮的《出师表》等。

鸡足山的古籍文献史料主要包括志书、游记、碑记等，是研究鸡足山寺庵园林环境及文化最重要的资料。

1）志书类

（1）地方志。

地方志涵盖内容丰富，编写体例规范，一般包括地志部、地理部、山川部、建设部、杂志部等，其中有关于当地山川佛寺的文字信息和图像资料，是研究风景名山历史、地理等方面的重要参考史料，如嘉靖《大理府志》中记载西域鸡足山与灵鹫峰地理位置关系，并描述西域鸡足山即为今大理州境内的鸡足山，西域中灵鹫峰即为今大理州境内的点苍山等信息。鸡足山位于大理州宾川县、祥云县、洱源县三县交界处，主体部分位于宾川县内，因此康熙《大理府志》、雍正《宾川州志》等地方志都是研究鸡足山寺庵园林环境的重要视角和切入点，更是关于鸡足山历史的珍贵资料。

（2）名山志。

鸡足山作为佛教名山胜地，很早就有了修志活动。作为古文献典籍，鸡足山志总共有 5 部，其中明朝 1 部、清朝 3 部、民国 1 部，虽然成就斐然，但较早两部山志已毁，仅留下部分游记等资料。

记载最早的《鸡足山志》为明代地理学家、文学家、旅行家徐霞客于崇祯十二年（1639 年）应丽江土知府木增所邀修纂，成稿共有四卷，后志稿毁于清顺治年间，仅留存《鸡足山志目》

和《鸡足山志略》附于《徐霞客游记》末。于遗篇中可看出徐霞客版本的《鸡足山志》（以下简称“徐志”）编排构架涵盖自然、名胜、寺庙、人物、文艺等，包括了鸡足山的总体到局部的各方各面，门类齐全、体例完备、结构严谨、条理清晰，对后世影响深远、意义重大。徐志是作者实地考察纂修而成的，并为鸡足山第一部山志，虽成稿已毁，但遗留在《徐霞客游记》中的部分成为本书的重要参考资料，也成为现在人们了解鸡足山最可靠的原始材料和佐证。

后清顺治十七年（1660 年）冬，江左大儒钱邦芑（僧名大错和尚、释大错）编撰《鸡足山志》十卷，即后人所谓“大错志”。此志曾刻版印行，后遭兵燹，书版俱毁，但留残。到康熙年间云贵总督范承勋游抵鸡足山，续修鸡足山志时得见残编，以其为蓝本，略作删修，成稿十卷，即后人称为“范志”。范志内容丰富，正文十卷，卷首序文七篇，卷一包括考证、星野、形势；卷二、卷三为山水；卷四、卷五为寺院；卷六记载人物；卷七记录灵迹、物产；卷八、卷九、卷十为艺文，除文字描述外还绘有《鸡足山指掌图记》等图画，内容翔实、全面，可信度较高，为本书主要参考资料。

康熙年间，士人高奣映按照横分门类、纵叙事实的原则，在大部分继承范志的基础上增加风俗、异迹等内容，广采博收，写成《鸡足山志》（以下简称“高志”）。高志共有十三卷，正文包括星野、疆域、考证、沿革、形势、名胜、建置、人物、风俗、源流、檀施、物产、艺文、诗等。作者从自然山川的角度编写山志，间接表达其尊崇山水环境的观点，因此高志反映的内容也与之前版本的山志有所不同。另外，高志侧重描述鸡足山的形势、水系、名胜等，为鸡足山寺庵园林环境研究提供了直接且重要的信息。

最后一部重要的古籍鸡足山志为民国二年夏五月，由赵藩、李根源编修的《鸡足山志补》（以下简称《志补》），此山志为赵藩和李根源两人于民国元年（1912 年）寻查山中古迹，搜集文献，援古证今所辑。《志补》为四卷一册，书中不少内容较为珍贵，“金石”部分更是全面补充记录了鸡足山文物的情况——此部分范志、高志均无记载。因此，本书将此版本作为补充资料。

除以上 5 部古籍志书外，由宾川县志编纂委员会编撰的《鸡足山志》对古代鸡足山相关资料进行了整理和补充，本书也将其列为参考资料。

2）游记类

游记虽然属于一种文学作品，但从本书园林环境研究角度而言，有的游记恰恰具有一定的学术和史料价值，如徐霞客是通过实地踏看、走访修纂鸡足山志的第一人，而徐志却多已毁失，因此《徐霞客游记》中的“鸡足山”章节就成为本书珍贵的参考材料。著名地理学家徐霞客于

1586—1641 年考察西南名胜，虽然主要寄情西南山水，但对旅途中的历史名胜古迹无不按之图经，参之志籍。

特别是西南之行的鸡足山部分，徐霞客把鸡足山作为西南万里遐征的主要目标和目的地。其间，他曾两次攀游鸡足山，在山中停留 178 天，登山览胜，洞其幽奇，寻古碑，查文献，考察自然地理和历史文化，不仅撰写了《鸡足山志》，还写下了大量著名的诗篇和文章，其中包括诸多自然历史资料以及明朝年间鸡足山寺庵发展状况以及植物、景观等方面的记录，是本书研究不可多得的资料。

除此之外，还有散见于历代方志、文集中的鸡足山游记。如明代李元阳、王昶、周复俊、谢东山等人写的《游鸡足山记》，被收录于云南人民出版社出版的《云南古代游记选》中，从中我们也可以了解到古代鸡足山寺庵的建筑状况和环境情况。

3）楹联、碑记、诗文

（1）楹联。

楹联是高僧名士思想和心境的表现形式，鸡足山楹联丰富多彩，有写景状物的，有抒发感情的，有阐述历史典故的，这些楹联充分体现了鸡足山天下奇绝的自然景观和深厚的文化底蕴。收集鸡足山楹联最早的著作是 2000 年出版的李树军的《鸡足山楹联选》，该书收集鸡足山楹联 300 多副，并有相关的实物照片，但书中没有对楹联进行注释和赏析，稍许遗憾。

2008 年出版的许天侠、释了凡主编的《鸡足山古今楹联趣闻录》，收录了鸡足山寺、庵、静室、亭、坊、庙大多数的楹联，并进行了赏析。该书可以说是目前收集鸡足山楹联最完备的书，不仅有助于鸡足山佛教史事的研究，书中浓厚的禅宗禅韵更为鸡足山艺术和文化的研究提供了重要的线索和参考价值。

（2）碑记。

了解各个寺庵情况最原始、最直观的资料当属遗存的碑记和碑文了。鸡足山的碑记从明代至今散见于各种资料记载中，如徐霞客《鸡山志略二》中 3 篇；范承勋《鸡足山志》记载碑文 20 篇；高奣映《鸡足山志》记载碑文 9 篇；《鸡足山志补》记载碑文 2 篇。因历史久远，鸡足山碑刻实物遗存下来的并不多，此部分收录和记载最为详尽的当属孔化魏的《漫笔鸡足山》，该书收录了范志和高志中所没有的碑文共 39 篇，并且通过实地考察对碑文进行校对，可以说是目前收录鸡足山碑文最全面，且可信度最高的参考书籍，为本书提供了有力的学术参考。

（3）诗文。

鸡足山自古以来就是我国的佛教名山，在佛教界颇有声望，因此不同地域慕名而来的登山览胜者颇多，流传下来的诗文（包括杂文、诗歌等文体）也很多。其中多有描绘各种特色的寺庵景观，并借景而抒发不同的心境，这部分内容成为鸡足山园林文化研究中重要的参考资料，并提供诸多研究思路。同时有的鸡足山诗歌如清王昶《自石钟寺至华首门礼大迦叶并游悉檀诸寺赞佛颂》等，从侧面反映了各个时期鸡足山的历史概貌，具有较高的史料价值。

目前，对此内容收录最全面的当属刘云堤主编的《鸡足山诗选》，该书收集了明代至今鸡足山诗人230位、1000余首诗，并进行了校注，不少诗是范志、高志、《志补》中所未收录的。另外，《名人笔下的鸡足山》收录鸡足山诗文90篇，以文为主，作为研究参考。

2. 现代鸡足山研究及文献

自两汉之际佛教传入我国之后，佛教文化便逐渐成为中国传统文化的重要组成部分，同时留下了许多佛教文化遗产。佛教名山圣地鸡足山因其是迦叶道场而闻名，随着我国对传统文化重视程度的提升和风景名胜开发进程的加快，对于鸡足山的研究逐渐增多。已有前辈和学者对鸡足山相关文献进行概述和整理，如吴棠的《佛教圣地鸡足山文献资源概述》和刘云堤的《鸡足山文化研究文献综述》，二者分别从不同的角度和用不同的分类方法对鸡足山相关文献进行了搜集整理，为笔者提供了一定的便利和参考。从目前的现代学者研究文献情况来看，研究成果多为观点性议论和讨论，深入考证的研究较少，且成果侧重研究和探讨鸡足山历史沿革、高僧名人等方面。

1）历史沿革及考证

“鸡足山”成为迦叶道场的历史沿革一直是鸡足山研究领域中一个引人关注的话题。最早对此问题进行论证的是《新纂云南通志》中的《迦叶入定鸡足山辨妄》部分，其首次对宾川鸡足山成为迦叶道场的原因进行论证和考据，具有极强的说服力。侯冲在《云南鸡足山成为迦叶道场的由来》中依有关史志，考述鸡足山成为迦叶道场的由来，认为鸡足山成为迦叶入定之所，并不是单纯的佛徒比附，而是明初特定历史条件下的产物。

傅云仙《兴起于明代的云南佛教圣地鸡足山——兼论“鸡足山”名称之由来》考据明代以前中国佛教典籍及云南地方史志有关鸡足山的记载，以及鸡足山名称在明代的出现，探讨了鸡足山的发展和影响。侯冲《云南鸡足山成为迦叶道场始末》对宾川鸡足山成为迦叶道场的缘由进行了细致阐述。刘云堤分类整理注解《徐霞客游记》中的鸡足山部分，包括僧人、寺院、庵堂、静室、坊、阁、楼、亭、桥、风俗物产、题刻碑文诗联等内容，试图展现明末鸡足山发展的一些状况。此外，冯佐哲、李国生等学者分别从鸡足山的历史发展等角度进行了分析和研究。

2）高僧名人

自明代起鸡足山成为迦叶道场之后，各地僧俗纷至沓来，其中不乏高僧大德、名人雅士、文人贤达。他们在此隐修、听经、读书、访友、览胜，时间少则一两个月，多则几十年。如徐霞客曾两上鸡足山，第一次驻足一个月，天天出游，还未游遍全山；第二次居山中悉檀寺近四个月，撰写《鸡足山志》，两次居山共计近 180 天。圆庆、净月、周理、无往、洪如、大错、担当等高僧在鸡足山出家修行，他们建寺立庵、深究藏经、著书立说，将鸡足山佛教文化推向高峰，因此，对于鸡足山高僧名人的研究成为学者对鸡足山佛教和文化研究的重点和主要方向。

王邦维等对印度高僧摩诃迦叶的历史贡献、佛学思想等进行阐述和分析；杨积庆、朱波、王路平、周丹丹、黄万机等从佛教禅学、诗文等不同角度对鸡足山高僧大错和尚进行研究；清代具有“诗书画三绝”崇高声誉的担当和尚隐居鸡足山多年，创作了质量甚高的诗文、书画、楹联，因此菡芳、张云霁、孟宪伟、余嘉华、杨开达等人分别对担当和尚的诗词以及精神思想进行整理和分析。虚云和尚是中国近代以来著名的禅宗高僧，其言行所折射出的精神为僧俗共钦，鸡足山清代后期的短期兴盛归功于虚云和尚的不懈努力。净慧、释惟升等对虚云进行研究，除此之外，孔化魏的《鸡足山佛子录》详细地收集了鸡足山高僧明贤的资料，这些资料为研究鸡足山佛教历史提供了帮助。

1.4.3 研究评述

综上，近现代以山岳型和地域性寺庵园林为研究对象的研究较多，但是山岳型寺庵园林研究多侧重在“五大名山”“佛教四大名山”方面，地域型寺庵园林研究则多聚集在历史文化深厚、寺庵分布较多的江南、西北、中原等地区，对于既有独特的历史发展背景又有多样的少数民族文化的云南寺庵园林研究则少之又少，仅有的研究成果也是偏重园林植物和建筑等方面，因此云南寺庵园林研究具有较大的开发和挖掘潜力。

从鸡足山古代研究成果来看，鸡足山古代即为著名的禅宗道场，得到皇家敕赐藏经多部，与峨眉山、九华山、普陀山、五台山同为域内的佛教名山，历来吸引众多名人贤士、高僧大德来此著书立说、建寺立庵，留下众多诗文、书画等文化艺术作品。徐霞客等人先后纂修《鸡足山志》四部，《鸡足山志补》一部。虽然较早的两部山志已被毁，但是遗存下来的残篇、两部《山志》和一部《志补》对鸡足山寺庵园林研究具有重要的参考价值和意义。

从目前现代学者研究文献情况来看，关于鸡足山研究多侧重佛教历史沿革与考证、高僧名人等方面，且成果多为观点性的议论和讨论，深入考证的研究较少。由此，鸡足山关于寺庵园林方面的研究基本处于空白阶段。本书研究既存在挑战又富有创新意义。因此，本书努力方向即从风景园林角度出发，从名山缘起、资源梳理、历史沿革、寺庵考证、园林理法、文化意匠等方面深入分析与研究，补充并丰富我国山岳型和地域型的风景名山研究。

1.5 全书框架

本书研究内容主要涵盖四大部分。首先，对印度佛教和中国佛教思想和宗派进行概述并对云南佛教发展历史进行梳理，揭示鸡足山的重要性。其次，对鸡足山山水环境资源包括历史区位研究以及自然资源和人文资源进行梳理。再次，梳理名山形成缘起、寺庵发展源流，并明确寺庵总体数量。继而开展鸡足山寺庵园林理法研究，从宏观层面包括总体分布、相地择址、空间布局、借景意匠、植物营构五大方面，对明代八大寺进行解析，并从择址与择胜、建筑营建、园林造景三个方面进行总结。最后，解析鸡足山寺庵园林蕴含的多元文化、人生哲学和运营审美的文化思想，分析这些文化思想对鸡足山寺庵山水环境营建产生的影响。

本书共分为六个章节。

第 1 章是绪论，针对寺庵山水环境的含义和特点、研究目的和意义进行分析，结合相关文献综述、研究成果梳理文章脉络。

第 2 章是滇之佛寺历史源流，对印度佛教、佛寺园林和我国佛教宗派、佛寺园林特点进行概述，并梳理云南佛教、佛寺历史发展脉络和特点，做好研究铺陈。

第 3 章是鸡足山山水资源析要，梳理和总结鸡足山历史区位优势、自然环境和人文环境特征，为名山形成、历史沿革分析和园林理法等综合分析做好基础工作。

第 4 章是鸡足山佛教寺庵源流，对鸡足名山形成进行辨析和总结，并根据寺庵建设发展情况进行历史脉络梳理，为寺庵园林理法研究做好铺垫。

第 5 章是鸡足山寺庵空间理法研究，基于现场踏看寺庵分布情况，结合山志、游记、碑刻等古籍资料对古代总体寺庵分布进行位置探析，继而从宏观上对寺庵择址特点、择址意象、总体布局、借景意匠、植物营构、园林文化进行综合分析，总结其共性；对明代八大寺从择址择胜、建筑营建、园林造景等方面做进一步分析，总结其特性。

第 6 章是寺庵山水环境保护与发展，结合以上阐释形成鸡足山寺庵山水环境的保护和发展的建议和对策。

综上所述，本书框架如图 1–1 所示。

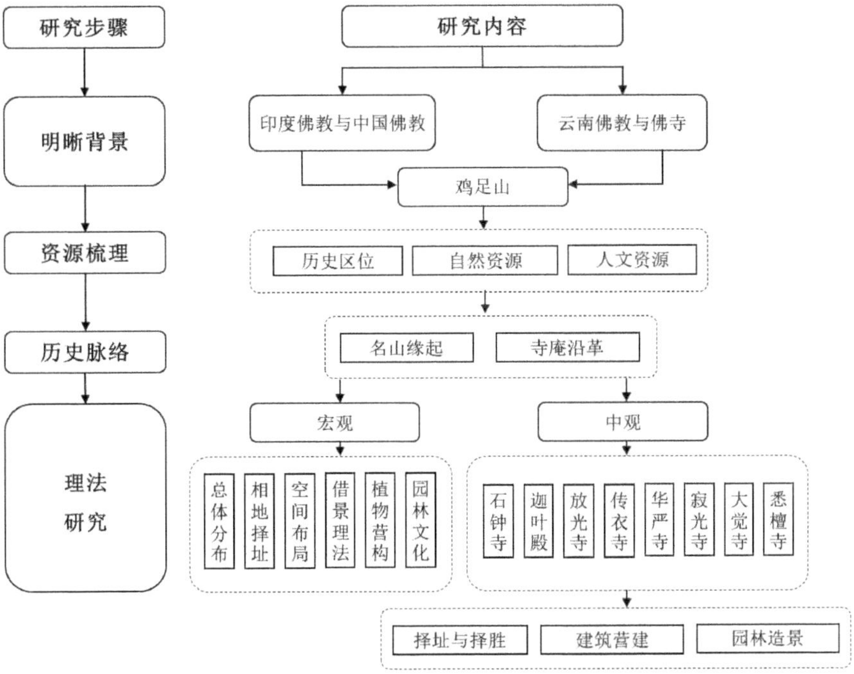
研究步骤
明晰背景
资源梳理
历史脉络
理法研究
研究内容
印度佛教与中国佛教
云南佛教与佛寺
鸡足山
历史区位
自然资源
人文资源
名山缘起
寺庵沿革
宏观
中观
总体分布
相地择址
空间布局
借景理法
植物营构
园林文化
石钟寺
迦叶殿
放光寺
传衣寺
华严寺
寂光寺
大觉寺
悉檀寺
择址与择胜
建筑营建
园林造景

图 1-1 本书框架

第2章 滇之佛寺历史源流

· 佛教与佛寺园林概述
· 滇之佛教与佛寺源流

2.1 佛教与佛寺园林概述

佛教起源于古印度，由释迦牟尼于公元前6世纪至公元前5世纪创立。

佛教创立之始主要流行于恒河流域。至公元前3世纪孔雀王朝时期，佛教被奉为国教，传播到南亚次大陆的很多地区，进而向亚洲各地传播并衍生出不同的佛教教派。其中，佛教向南传入斯里兰卡，再由斯里兰卡向东南亚传播形成的佛教教派称为南传佛教；向北到达克什米尔、白沙瓦后，继续向吐蕃和我国内地传播形成的佛教教派叫作北传佛教。而北传佛教在传播的过程中受到藏文化与汉文化的影响，随即又发展形成了藏传佛教和汉传佛教两大主要派系，朝鲜、日本、越南等国家崇信的佛教大都属于汉传佛教。由此，佛教通常根据其传播路径分为南传佛教、藏传佛教和汉传佛教三个主要派系。

2.1.1 汉传佛教与园林

1. 汉传佛教传播概况

汉传佛教，是北传佛教中的一支，主要流传于中国、日本、朝鲜半岛等地，以大乘佛教为主。佛教初传入时，中原地区并没有从意识形态上认同佛教，主要把它看作社会上流行的神仙方术，佛教法器、佛像等仅作为玄秘宝物供奉于宫中。随着佛教圣典的搜集和翻译不断增多，其蕴含的思想逐渐对中国人产生了影响和作用，并渗透到美学、政治学、哲学、文学、医学等领域。由此，佛教在中国逐渐盛行，作为佛教译经传法的佛寺建筑也相继出现。到南北朝时期，佛教得到了空前发展。据唐代高僧法琳《辨证论》记载，南朝梁（502—557年）共有寺院2846所，僧尼82700名，比东晋时的寺院增加千余所，僧尼增加三倍多。

至隋唐，佛教已发展成熟，进入了鼎盛时期，并形成了多种流派，如华严宗、律宗、禅宗、净土宗、密宗等。其中影响较大的当属天台宗、禅宗、净土宗、法相宗、华严宗和密宗。自唐以后，兴盛一时的佛教开始走向衰落。这时封建统治秩序的指导思想变成以宋明理学为代表的儒家学说，而在这种形势下，佛教逐渐与儒、道相融合，出现了佛教内部各宗派互融的现象。在艺术领域，佛寺的建造风靡全国，并在建筑、园林等领域独树一帜，形成了中国古代建筑特有的风格。

2. 禅学及禅宗

“禅”，中文发音为chǘn，印度雅语为dhyana，是梵语“禅那”的简称，是一种用来收摄身心的修行方法，可译为“静虑”或“定”。禅宗，是以“不立文字，教外别传；直指人心，见性成佛”为核心思想的修心之法，以修习“禅”为主要方法。禅宗是我国大乘佛教流派的主要分支，于6世纪形成于我国，它在中国异军突起，后又向南传入越南，向东传入朝鲜和日本等地。

当代著名科学家钱学森曾说过：“宗教是文化。”我国著名历史学家范文澜也有云：“不懂佛教，就不能懂得中国文化史。”可以说，要了解中国传统文化，理应对中国佛教有所了解，而了解中国佛教，就必须要研究禅宗。

1）印度之禅

尽管禅宗是印度佛教中国化的一个新的大乘佛教流派，但是追踪溯源，正统的禅学思想发源地仍是印度，释迦牟尼是印度禅学的第一代祖师。据《大梵天王问佛决疑经》以及《五灯会元·七佛·释迦牟尼佛》记载，释迦牟尼曾召集弟子在印度灵鹫山上说法，然而却“无说无言”，拈花示众，听者默然，“唯迦叶尊者破颜微笑”。摩诃迦叶尊者仿佛与释迦牟尼以心传心，领会了他的学说。于是，释迦牟尼指名摩诃迦叶为他的继任者，并对众宣布道：“我有正法眼藏、涅槃妙心、实相无相、微妙法门，不立文字、教外别传、总持任持，凡夫成佛第一义谛。今方付属摩诃迦叶。”这次灵山会上说法，便被看成禅宗的起源，摩诃迦叶遂成为印度佛教真正意义上的禅宗初祖。自摩诃迦叶之后，禅宗一直在印度流传了二十八代，而菩提达摩即为印度禅宗的第二十八代祖师。据《传灯录》记载，菩提达摩于梁武帝（520—550）时期，乘船东渡来到中国说法。

印度之禅主要以修头陀行或苦行为主，他们多守戒森严，隐匿于岩谷、林间，与山水泉石草木为伍，依法修行。

2）禅在中国之变迁

中国禅宗大体经历了酝酿期、初创期、南北宗并立期和南宗独盛期。从被中国禅宗奉为初祖的菩提达摩，到二祖慧可、三祖僧璨的这段时期可作为禅宗的酝酿期；唐初在黄梅弘传“东山法门”禅法的四祖道信、五祖弘忍正式创立禅宗，这段时期可作为禅宗的初创期；六祖慧能从五祖受法南下弘传“顿教”禅法，神秀从五祖受法北上弘传“渐教”禅法，形成南北二宗对峙的局面，这段时期可称为南北宗并立期；后南宗的影响逐渐增大，最终形成南宗独盛的局面，这段时期称为南宗独盛期。南宗经过长期演变，分为南岳、青原两支。南宗之下又分为临济、曹洞、沩仰、云门、法眼五家，临济之下又有黄龙、杨岐两支，号称五家七宗。

中国禅宗具有兼收并蓄的包容性。自唐宋以来，禅宗在发展过程中不断吸收其他各宗派的思想，促使中国佛教逐渐演变为以禅宗为主体的融合型佛教。由此，中国禅宗既不会因持戒严格而桎梏修行，也不会因融合道家思想而放任自流，而是在生活中自在安然，表现出精进清净的修道精神。

3. 园林特色

佛教初传中国时，受舍宅为寺之风的影响，佛寺选址多位于城市或市郊。直到魏晋以后，受老庄思想中寄情山水、旷达放荡、崇尚自然之风影响，逐渐有南方地区的僧人和寓山名流隐迹山林，就此开创了山林佛寺的先河。这种发展趋势使我国佛寺多了一种山水之趣。

依据《理惑论》和《四十二章经》所记载，学术界把洛阳白马寺看成汉传佛教的第一座佛寺建筑，但由于年代久远，相关文献记载较少，其形制已不可考。但从零星的文献记载推断，白马寺最初的建造参照了古印度佛教建筑样式，也就是“天竺佛寺”的宫与塔的样式。然而，两千年来，白马寺几经劫难，原来的白马寺究竟是什么样子？哪些方面受到了印度佛寺的影响？今天已基本无从考证。西域的佛教建筑对汉传佛寺的影响，直到魏晋时期才有实例可考。

西晋时崇佛敬佛风气尤盛，这时的佛寺主要为古代官署所建，或是“舍宅为寺”的宅第。从建筑形制来看，一方面受到政权影响，佛寺造型不仅有官署化倾向，并且建筑等级森严，突显了一种严格的等级观念。另一方面受汉地宅邸的制式影响，佛寺具有合院式的布局，且依照儒家传统礼制，建筑群具有明显的中轴线，主体建筑沿中轴排列，附属建筑分列两侧。以上两种形式对后世汉传佛寺产生深远影响。还有一种比较特殊的建筑形式即石窟建寺。由于受到西域文化和自然条件影响，石窟建寺在我国北朝时期风靡一时，其虽坚固耐用，却满足不了日益增长的僧侣群居要求，实用性较弱，进而在南北朝后逐渐退出历史舞台。

2.1.2 藏传佛教与园林

西藏地处青藏高原，自然环境特殊，地形地貌复杂，多山地少平原。自然地理条件使佛教建筑多顺应自然环境，依山而立，沿山层层修筑，最终形成以山为中心的空间。受西藏“政教合一”体制的影响，寺院多建在经济发达的地区，集中分布在地方势力集团或贵族势力的辐射核心区内。水源也是藏传佛寺选址的主要条件之一，佛寺一般选择在方便建造建筑的山顶或临近水体、植物丰富的平缓山坡与河谷地带，这种靠水临壑的选址原则上保证了寺院日常的生活用水，同时四周环抱的山体也为佛寺抵挡了高原上冬日凛冽的寒风，另外险要的山体地势达到了抵御水灾和军事防守的目的。

藏传佛教建筑早期的规模较小，类型单一，最早的布置形式为“回”字形，即庭院中布置佛殿，佛殿中心供奉佛像，周围是供信众朝拜的廊道，这种平面形制为后世藏传佛寺的建设打下了基础。建筑风格多将本土建筑与古印度、中原地区等的建筑艺术风格相融合，不断地发展形成自身独特的建筑式样。如集印、汉、藏三种文化元素于一体的桑耶寺就是吸收和借鉴了印度的欧丹达菩黎寺与中原汉传佛寺的建筑元素而建造的，印度佛经里描述的须弥山、法轮、五方佛等，都可在桑耶寺中找到对应的象征形式，这种建筑风格和形式在藏传佛寺建筑中具有典型意义，也为后世所承袭。后期随着出家僧众的不断增多，佛寺规模逐渐增大，出现了经堂等附属建筑，形成了以措钦、扎仓、康村为主要结构的组织形式，佛寺的形制更加严谨而复杂，功能也变得更加丰富而完备，并形成了成熟的“政教合一”体制。

2.1.3 南传佛教与园林

南传佛教特殊的传播路径使其佛寺园林表现出独特的异域风情和少数民族特色。南传佛教的佛寺在云南地区不仅有传经、布道、赕佛的功能，同时也是傣族等少数民族信徒学习文字、天文、绘画、诗歌、历史、医药等文化知识的“学校”。因此，在傣族中，一般男孩成长到七八岁都要到佛寺中过一段时期的僧侣生活。可以看出，南传佛寺不仅是宗教活动场所，也是文化学习中心。

南传佛寺在民族村寨中分布广泛，几乎村村有佛寺，呈现出《西南夷风土记》中所载“塔寺遍村落”的盛况。佛寺多建于村寨较高的山坡、林间空地或邻近寨子主要出入口处等全村风景最优美、地位最显要、最引人注目的地方。佛寺在布局上多自由灵活，没有特定的规制，也很少出现规则对称的情况。但是在营建规模上却有等级之分，从村寨佛寺到各地区中心佛寺，等级逐渐增高，由此造成佛寺的规模和豪华程度各不相同。

一般情况下，一个较为完整的南传佛寺主要由寺门、门廊、佛殿、戒亭、经堂、塔和僧舍组成，门廊将寺门与佛殿连为一个整体，而佛殿通常东西向纵长布置，居于佛寺中心位置。建筑风格多体现浓厚的宗教艺术和东南亚特色，如西双版纳地区的佛寺佛殿形体高大，歇山屋顶，坡度高峻，一般使用挂瓦做成分段的梯级叠落檐形式，明显受到泰国、缅甸等佛寺风格影响；细节上运用大量多样的装饰材料，如铁、瓦、玻璃、涂料等，使建筑呈现出精致、华丽、丰富的艺术装饰风格，体现了少数民族与东南亚国家艺术的完美融合。

佛寺庭院多为开敞式，门前置有大片空地，周围环境优美，一般广植浓荫如盖的高大乔木和茂密幽深的竹林。寺内植物种类丰富，受佛经中 28 代佛尊均有其“成佛树”记载的影响，佛寺中常常种植 28 代佛主的成佛树和与佛事活动有关的植物，以及作为书写经文载体的原料植物贝叶棕和构树。

2.1.4 小结

滇西鸡足山处于古代中原文化与印度文化过渡地带，又处于藏传佛教、汉传佛教、南传佛教传播之交会点，因此多元的文化和信仰造就了鸡足山文化。基于此，本书首先从佛教的源流进行概述，之后，逐步总结每一种佛教宗派的园林特色，为鸡足山寺庵园林环境和文化研究打好理论基础。

2.2 滇之佛教与佛寺源流

滇学名家王海涛教授认为，云南佛教流行于爨而形成于南诏，盛于大理国时期，至明时趋于成熟，清时渐趋衰落。纵览云南佛教主要包含三个部分，即流行于洱海、滇池地区的云南密教（简称滇密，也称阿吒力教）和大乘显教，流行于滇西北地区的藏传佛教，以及流行于滇西及滇西南地区的南传佛教。其中滇密最盛，传入时间最早、影响最大、分布最广。

2.2.1 滇之佛教源与流

佛教入滇之前，主导滇之信仰的主要为图腾崇拜、祖先崇拜、天神崇拜等思想。其倡导“万物有灵观”，认为一切风雨雷电、日月星辰等自然现象都由神灵主导，并且人的生老病死也由鬼神控制，所以人们要通过某种仪式祈禳以达到趋吉避凶、繁荣昌盛的目的。因此，佛教在滇中传播的过程也是与本土信仰兼容并蓄的过程。

大理洱海地区部落林立、物产丰富，且地处天竺通道要冲，一直是中原王朝和吐蕃政权激烈争夺的对象。直到南诏部落借助其强大的经济实力以及唐王朝的扶持，崛起滇中，统一六诏，云南进入南诏统治时期。由于南诏部落在取得胜利的过程中一直得到阿吒力教的支持，因此南诏国特别推崇阿吒力教。

阿吒力教也称滇密，是云南独有的佛教形式。公元 738 年，皮罗阁正式被唐朝册封为南诏王，既标志南诏至此成为地方政权，也标志着阿吒力教成为云南佛教的开端。阿吒力教不同于其他佛教，允许其信仰者阿吒力在家修行。在家修行的特点使阿吒力深受“修身、齐家、治国、平天下”以及“孝治天下”等儒家思想的影响，多熟读儒门经典，因此阿吒力僧也称为“儒释”。阿吒力教在南诏国成为主流，由于南诏国崇佛拜佛时期，中原地区汉传佛教也正兴盛，汉传佛教特别是禅宗一脉在滇中一度盛行，但是始终并未取代阿吒力教在南诏国的地位。

直到公元 937 年，段思平建立大理国，《南诏野史》描述他“好佛，岁岁建寺，铸佛万尊”。甚至到了昭明皇帝段素英统治时期，诏敕“开科取士，定制以僧道读儒书者应举”，以强化佛教治国，提高僧侣地位，如郭松年《大理行记》中云：“师僧往往读儒书，段氏而上国家者，设科选士皆出此辈。”不仅如此，大理国史上先后有九位国王禅位为僧，开创了中华佛教史上绝无仅有的帝僧王国。王室的推崇、臣子的效仿使云南佛教达到了最盛时期。

公元 1253 年，大理国灭亡，1276 年云南行中书省正式建立，政权机构设置于中庆（昆明），从此滇之政治、经济、文化中心转移到滇池地区。一时间内地官僚机构、科技文化涌入，同时佛教各宗各派也纷纷入滇，滇之佛教迎来百花齐放、百家争鸣的历史时期。元代可以说是滇之佛教史上一个极为重要的时期，滇之佛教在元代承先启后，容纳百川，走向一个异彩纷呈的至高境界。

明初朝代更替，导致滇之佛教“衰微至极……，教律净禅，皆声闻阒寂”，但是“全中土如此，不独滇黔然也”。滇为古邦佛国，教化之深已尽入人心，无论僧俗皆以奉佛为要，并为佛教的振兴而奋力拼搏，终于万历以后，滇中高僧辈出，滇之佛教继南诏、大理、元之后迎来又一次，也是最后一次辉煌。这个时期滇实行府、州、县三级僧官管理制，负责教化一方，管理僧众。另外，明代滇中佛教的重心又转回大理洱海地区，以鸡足山的开发和空前繁荣为标志，中土僧俗源源不断地来此朝圣，正如清吴伟业诗云：“洱水与苍山，佛教之齐鲁。”

到了清代，战乱频繁，大量佛寺被焚毁，佛教亦几起几落，滇之佛教已呈现衰退之势。而此时的阿吒力教由于其神秘巫化的形式，称“其术足以动众，其说足以惑人，此固盛世之乱民，王法所必禁也”。从而遭到朝廷严厉打击，并明令禁止。从此滇密退出了上层社会，隐匿于村寨，和地方民族本主庙结合，融于本主文化之中。

总体来说，古代滇之佛教发生、发展经历了地方化、民族化过程。南诏时期，它的地域还包括今天的四川西昌、缅甸东部、老挝和越南北部、贵州西南部等广大范围，它的西部直接与印度相连。而以一省之地，汇集汉传、藏传、南传及滇密于一处，在中华乃至全世界，绝无仅有。

2.2.2 滇之佛寺发展概况

随着滇中崇佛意识逐渐增强，南诏时期已有零散文献明确记载寺庵发展状况，如《万历通志》中有载相国张建成携浮屠像而归，即建大慈寺和道胜寺。《滇释记》亦载：“圣师李成眉贤者……游化至大理，大弘祖道。时南诏昭成王礼为师，乃建崇圣寺。”《万历云南通志》也有描述：“石钟寺，在石钟山，石宝之南支也。蒙诏细奴罗游猎至此，见岩龛刻诸佛天王像甚伟怪。濒岩一巨石，状若覆钟，遂建寺，因以名之。”更多的记载还可见于《南诏野史》，载有多代诏主建寺情况，如凤伽异建观音寺、异牟寻建妙音寺、寻阁劝建崇真寺等。到南诏末年，滇之佛寺已出现“建大寺八百、谓之兰若；小寺三千，谓之伽蓝，遍于云南境中”之盛况。这个时期的佛教信仰主流为阿吒力教，因其在家修行的习俗，致使此时的佛寺规格较小，功能与布局较简单，只用来供奉诸佛菩萨，无须设置寮房、斋堂、僧堂等学修和生活空间。但从这一时期佛寺建筑中可看出，塔是滇中佛寺主要构成要素（见表 2–1）。

表 2–1 南诏代表性佛寺建塔情况一览表

寺名	位置	始有 / 无塔	备注
崇圣寺	大理	有	
天台寺	大理龙泉峰	有	塔原名祭天台
罗荃寺	大理洱海东岸	有	
华藏寺	大理	有	
弘圣寺	大理	有	
灵塔寺	大理斜阳峰	有	蟒骨塔
天目寺	大姚天目山	有	
法明寺	昆明宜良	有	僧摩伽陀建

大理国时期，滇之佛寺受逐渐由中原传入的汉传佛教佛寺影响，洱海及滇池地区开始出现中轴对称及合院式的布局。这种布局特点主要沿中轴线舍“殿”，分前殿、中殿、后殿，用来供奉佛和菩萨；殿两旁设“堂”，供奉护法天王及祖师大德。但是受主流的阿吒力教影响，此时的佛寺仍无其他用于生活、居住、修行等附属建筑。直到元代，滇成为中央行省，官僚、士人、僧俗不断涌入滇中，竞相修建佛寺，据方志统计，元代新建的比较重要的佛寺有九十余座，其中禅寺的比例尤重。由于建寺多为中原人，致使华亭寺、筇竹寺、五华寺等滇中大寺建设格局多汉化，按照伽蓝七堂形制布局。且受汉地丛林制度影响，滇中佛寺形成了以开山佛寺为中心，周边围绕子孙佛寺，进而连接成片的佛寺格局。

明代是滇之佛寺最鼎盛且成熟的时代，明代杨黼先生有“伽兰殿阁三千堂，兰若宫室八百谷（间）”之赞叹。诗人张含也有“叶榆三百六十寺，寺寺半夜皆鸣钟”之语。这时阿吒力教由于政治及宗教等原因，已逐渐淹没在偏远的山区或边境村庄内，取而代之成为主流的当属汉传佛教，尤其是禅宗一脉。因此崇尚隐逸自然、修禅悟道的禅宗思想使滇中佛寺尽显园林化的风格。佛寺内出现了亭台楼阁、水榭云廊等附属建筑，给僵化的中轴对称和封闭的四合式布局带来了勃勃生机和诗情画意。佛寺选址也步入了山林，如滇之鸡足山、巍宝山、石钟山、盘龙山、水目山等名山胜地，成为佛寺建设的重要地方。

2.2.3 小结

综上所述，佛教通过三条通道入滇，即天竺道、吐蕃道和中土道。通过对滇中佛教源流梳理得出，滇于三国爨时期即有佛教的痕迹，以亦巫亦佛的形式流传。进入南诏国时期，印度佛教与云南巫教互相吸收、融合，形成了云南独有的阿吒力教，也称滇密。阿吒力教得到南诏国的特别推崇。阿吒力教不同于其他佛教，允许信仰者在家修行，并有家室，同时阿吒力僧熟读儒门经典，深受“修身、齐家、治国、平天下”以及“孝治天下”等儒家思想的影响，因此也被称为“儒释”。到大理国时期，崇佛之风更盛，“开科取士，定制以僧道读儒书者应举”，并且大理国史上先后有九位国王禅位为僧，开创了中华佛教史上绝无仅有的帝僧王国。家无贫富，皆有佛堂，使云南佛教达到了最盛时期。元代正式建立云南行中书省，佛教各宗各派纷纷入滇，云南汇集了滇密、藏密、南传、汉传，成了全国乃至世界上独有而完备的佛教圣地。到明朝时期，佛教重心又转回大理洱海地区，以鸡足山的开发和空前繁荣为标志。到清代，战乱频繁，总体上滇之佛教呈现衰退之势，滇密退出了上层社会，隐匿于村寨，融入本土文化。

通过滇之佛寺发展概况得出，滇中佛寺初时受滇密阿吒力教在家修行习俗影响，此时的佛寺规格较小，功能与布局较简单，只用来供奉诸佛菩萨，无须设置寮房、斋堂、僧堂等学修和生活空间，但塔却是滇中佛寺主要构成要素。后于大理国时期，受汉传佛教佛寺影响，滇中佛寺出现中轴对称及合院式的布局。元代则受汉地丛林制度影响，滇中佛寺形成了以开山佛寺为中心，周边围绕子孙佛寺，进而连接成片的佛寺格局。明代滇中佛寺则尽显园林化风格，并在选址上步入山林，以鸡足山等名山胜地发展为重。

第3章

鸡足山山水资源析要

· 历史区位：三道会聚，带江临洱

· 自然环境：雄秀幽奇，滇西胜地

· 人文环境：名贤名胜，撮谓传芳

· 本章小结

鸡足山位处我国滇西之域，雄峙西南、俯瞰南滇，气势磅礴，拥有丰富的自然山水环境和人文环境。其重峦叠嶂、雄奇险峻、崖壁峭立、百涧争鸣、古木参天、云树交辉、藤树相缠，素以“雄、秀、幽、奇”的独特自然景观著称于世；其佛教文化历史源远流长，源于唐宋，至明清已达到了“大寺八，小寺三十有四，庵院六十有五，静室一百七十余所”的鼎盛时期，松风塔影、古刹幽深、暮鼓晨钟、佛光悠悠，可谓“金殿空中香迷雾，十里松风吹不断”。

被称为迦叶道场的“第一佛学鸡足山”自古以来一直是中外佛教徒神往的地方和心仪的圣地。明清两代高僧名流、骚人墨客荟萃，留下了大量的诗文、画卷、题咏、碑记等珍贵文物。这些诗咏碑刻使名山生色，游人流连，极大地丰富了鸡足山的历史文化。雄秀幽奇的自然景观与星罗棋布的古刹建筑群交相辉映，形成鸡山八景、胜概八景、幽胜八景、金顶四观等秀丽、奇异的景观，可谓鸡足奇秀甲天下。从宗教场所开发建设的角度而言，鸡足山区位优势明显，得天独厚，自然与人文环境独特而丰富。

3.1 历史区位：三道会聚，带江临洱

3.1.1 宏观区位：三道交会，咽喉扼塞

滇处西南一隅，素为要害之地。“云南，要害之地，所当严者有三：东南八百、老挝、交趾诸夷，以元江临安为锁钥；西南缅甸诸夷，以腾越、永昌、顺宁为咽喉；西北吐蕃，以丽江、永宁、北胜为厄塞。知厄塞则吐蕃遁，守咽喉则西夷宁，固锁钥则南夷靖，三要得而云南可安枕矣。”可见滇临交趾（今越南北部）、缅甸、吐蕃，历史区位之重要不言而喻。而南诏国和唐宋大理国时期，大理实处滇南全势，且行政和佛教中心一直处于大理洱海地区。直到元代，云南成为中央行省，大理成为郡府，政治中心转为昆明。但是在地理位置上，大理府位于全省上游，为滇西扼塞之地，背负苍山，面临洱水。而鸡足山位于大理府东北，正是大理府连接鹤庆、丽江之要塞，与丽江接壤，近临吐蕃，西通缅甸，地理位置优越而重要。

从宗教的角度来看，鸡足山区位优势更加明显。佛教入滇的通道主要有三条，即天竺道、吐蕃道和中土道。天竺道即由古印度经缅甸而入滇越（今腾冲），后经永昌、永平到达叶榆（即大理），是时代最早、时间最长、对云南影响最大的通道。吐蕃道即由印度经克什米尔、西藏而入滇，后经丽江入大理。中土道（也称蜀道）即由中土经由四川入，主要路线为从蜀（成都）出发，途经临邛（今四川邛崃）、灵关（今四川芦山）、笮都（今汉原）、清溪关（今甘洛西）、

邛都（今西昌）、昆明、青蛉（今大姚）、叶榆（今大理）。

三道入滇均终于大理，而鸡足山则为三道交会之点。这正如历史学家、民族学家林超民所言，鸡足山处在 3 种文化的边缘地带；并表示南传佛教由南向北传播、藏传佛教由北向南传播、汉传佛教由内地从东朝西传入，三种宗派汇聚于鸡足山不是机缘巧合，而是由其特殊的地理区位决定的。正因如此，鸡足山成为佛教史上一个重要的分界点，即以鸡足山为原点，三分东亚大陆，东为大乘汉传佛教，北为藏传佛教，南为南传上部座佛教，多宗派交织、多文化融合，在相互交融之中形成了鸡足山独一无二的宗教奇观。

综上所述，无论从地理区位角度还是宗教区位角度，大理洱海地区历史区位都很重要。而鸡足山雄踞于大理洱海地区，雄踞六诏，控引西番，处于咽喉扼塞。同时鸡足山为汉传、藏传、南传三派佛教传播通道之交会点，这种一教三派交会于一山的现象甚为罕见。

3.1.2 微观区位：地界三州，带江临洱

鸡足山界临宾川、邓川、北胜三州，“东一百二十里至宾川州界，西一百二十里至邓川州界，南八十里至宾川州界，北一百二十里至北胜州界”，总属大理府。西临洱海，后靠金沙江，与大理苍山遥遥相望，背朝西北而面向东南，山势顶耸西北，尾迤东南，前列三支，后伸一岭，形似鸡足。

鸡足山“前临苍洱，后带金沙”。明景泰《云南图经志书》卷五山水篇载：“九曲山（即鸡足山）在西洱海东北一百里。”明《嘉庆重修一统志》卷四有云：“青巅山（即鸡足山）在太和县洱河东北。”《大明一统志》又载：“有九曲山（即鸡足山），在洱河东百余里，峰峦攒簇，状如莲花，九盘而上，又名九重岩。”西洱海一曰洱海，一曰洱水，在大理府城之东，而鸡足山即位于洱海之东北百余里。金沙江，即《水经注》中的若水，因产沙金，故名。

鸡足山带江临水，连接一府三州，“至大理府：由福田庄、宾川州、排棚营抵大理府，凡三程，陆路共计一百八十里；水路则仅一百二十里；鸡足山东，去鸡坪关，抵宾川州，凡二程，计一百二十里；鸡足山南，去福田庄，抵宾川州，凡一程，计八十里；鸡足山西，去鸡茨坪，抵邓川州，凡二程，计一百二十里；鸡足山北，去金沙江口、清水驿，抵永北府，凡三程，计一百八十里”，总属大理府。而大理洱海地区自佛教入滇以来一直是佛教传播中心，且被称为妙香佛国。不仅大理府佛化颇深，毗邻鸡足山的北胜州也有崇信佛教之习。大理洱海地区佛教文化兴盛，佛寺数量庞大，而处于一府三州之中的鸡足山，佛化之深自是不言而喻，且寺庵之

名胜居大理洱海地区之最。

通过分析鸡足山历史区位可以发现，宏观上，鸡足山虽邈处滇云，离中原绝远，又附版图最后，但是西连缅甸、南通交趾、北接吐蕃、控引西番，且从佛教早期向滇中传播之始，一直处于佛教传播通道之天竺道、吐蕃道和中土道的交会处，汇聚南传、藏传、汉传三教，在中华乃至世界独树一帜。微观上，鸡足山“前临苍洱，后带金沙”，地界“一府三州”，总属“妙香佛国”之大理府。优越的地理位置，正如明万历年间云南布政使谢肇淛赞叹的那样：“鸡足山者，益部之神丘，金方之佛地。”

3.2 自然环境：雄秀幽奇，滇西胜地

滇西胜地，名山众多。其中，佛教名山鸡足山，以其雄、秀、幽、奇而蜚声海内外，举世闻名。鸡足山雄峙西南，发脉西域，来龙万里，盘回纡郁，三岭前伸，一冈后距，若前伸三爪后支一趾，宛然鸡足之形，俯瞰南滇，气势磅礴。其自然环境丰富而独特，重峦叠嶂、崖壁峭立；前三支中列两大溪，众泉奔逸、百涧争鸣；自然植被丰富而幽古、云树交辉，素有鸡足奇秀甲天下之美誉。

3.2.1 气象地理

3.2.1.1 气候条件

鸡足山地处北纬25°56′~26°00′与东经100°20′~100°25′之间，属于高原季风气候类型，干湿季明显。冬季鸡足山也受来自西伯利亚的北方寒潮侵袭，但由于北部秦岭、大巴山的阻挡至滇中其势减弱，但寒潮来时，天气骤然转冷，此时多梅雪，最宜赏冬。

同时，鸡足山垂直高差较大，立体气候特征显著。以鸡足山下南村桥边（1780 m）为起点至山中最高点天柱山（3248 m），大致可划分为三个不同的垂直气候带，即干热河谷气候带、温暖湿润的山地气候带、温凉潮湿的亚高山气候带。

温凉潮湿的亚高山气候带（2800~3248 m），由于海拔增高，此带全年无夏，冬季寒冷有降雪，终年云雾缭绕，气候潮湿。金顶寺冬季最低温度为 -4℃，因此山顶风厉，冬春之间积雪不消。干热河谷气候带（1780~1900 m）主要为山脚沙址村落地区，冬季最低温度为3℃，夏季极端最高温度36℃，其气候略湿润。温暖湿润的山地气候带（1900~2800 m）主要分布于山中部，即为

四季如春、干湿季分明的高原季风气候。以迎祥寺（2250 m）为例，年平均气温 13℃，冬季最低气温为 0℃，夏季极端最高温度为 33.3℃，年平均积温 5833.7℃，年平均降雨量为 932 mm，历年平均日照时数为 2418.3 h。气温相当于中亚热带和北亚热带类型。植被为以云南松、华山松为标志的亚热带常绿针叶林。该气候带上部出现了以石栎类为优势的常绿阔叶林，体现出明显的向亚高山气候过渡之特征。正因此气候特征，而使山中多有深林秀木的幽奥环境。

3.2.1.2 地质地貌

鸡足山地处横断山块断带，为横断山脉东南边缘。主峰海拔 3248 m，顶垂云霞之表，远近观瞻，状如天柱。最低海拔为南村桥边 1780 m，相对高差 1468 m，为剥蚀中山地貌。山中有危岩陡壁、石洞、石门和层复一层的山峦。自华首门、罗汉壁至九重岩、文笔山有着长达 5 km，高 500 余 m 的秀丽壮观的构造断块，岩石构造多异，具石状奇绝之特色，构成了山中高山地貌景观。鸡足山中部地区属断裂形成的山间凹陷地带，溪流纵贯其中，沿溪两岸寺庵静室、厅堂楼阁分布众多，自下而上，如佛线穿珠，延伸到天柱峰脚。

3.2.1.3 生态环境

鸡足山地理位置特殊，西为横断山脉区，东临金沙江干热河谷，南为云南高原的起伏丘陵，北为云岭山脉的主峰玉龙雪山，地处亚热带和温带的过渡地带，地形地貌复杂，立体气候明显。特殊而复杂的地形条件和气候环境，造就了山中热带、亚热带和温带植物共繁共荣的自然景观特征，动植物资源十分丰富。据统计，至今高等植物仍有 80 多科 500 余种，并富有特有种。优越的气候等自然条件为众多的鸟兽创造了良好的生活环境，自古即有“经猴六时拜，谈鸟掌中食”之生态和谐景象。

3.2.2 山水形势

鸡足山背抵西北，面向东南，自中峰四观峰顶环观山势，前伸三峰，后拖一岭，宛然鸡足形。其因与佛经上记载迦叶尊者捧金缕袈裟入定以待弥勒之鸡足山“峻起三峰”“三脊隆起”等特点，形而相似，故改称鸡足山。

鸡足山以四观峰为中，前后四支环拱。左支即为花石山，向东蜿蜒而转南，逶迤起伏三十余里，东南一壁陡峭千仞，嶙峋环抱，即罗汉壁、狮子林、九重岩，其上有石鼓峰、点头峰、道冠峰、满月山、集贤山等。明代徐霞客对山势地形进行详细考察后写道“鸡足前三距鸡脚爪中之东南支也（即左支），其脉自绝顶东亘，屏立空中，为罗汉壁、狮子林、点头峰、九重崖后脊。中支由罗汉壁下坠而止于大士阁，东支由九重崖东南环为此岭（即钵盂山），若臂之内抱，先分一层为内砂，与中支大士阁（位于钵盂山）对，又纡此层为外砂，与西支传衣后峰对。其势自东而西突，其度脊少坳如马鞍，故昔以马鞍岭名之”。左支蜿蜒到马鞍岭回对右支，则此支终结。

又根据徐霞客考察载述，鸡足山中支由罗汉壁下坠而止于大士阁，即寂光寺所倚之支，是为中支。又根据徐霞客游记中的记载迦叶寺为西南支发脉、玉龙阁为西支与中支二大支脉汇合处、华严寺处西南支之脊等信息可推知鸡足山西支所指（图 3–1、图 3–2）。总体前伸三峰之山势，右支山体宽平，地势较低，构成了鸡足山的案山；左支地势陡峻，宛如屏障。

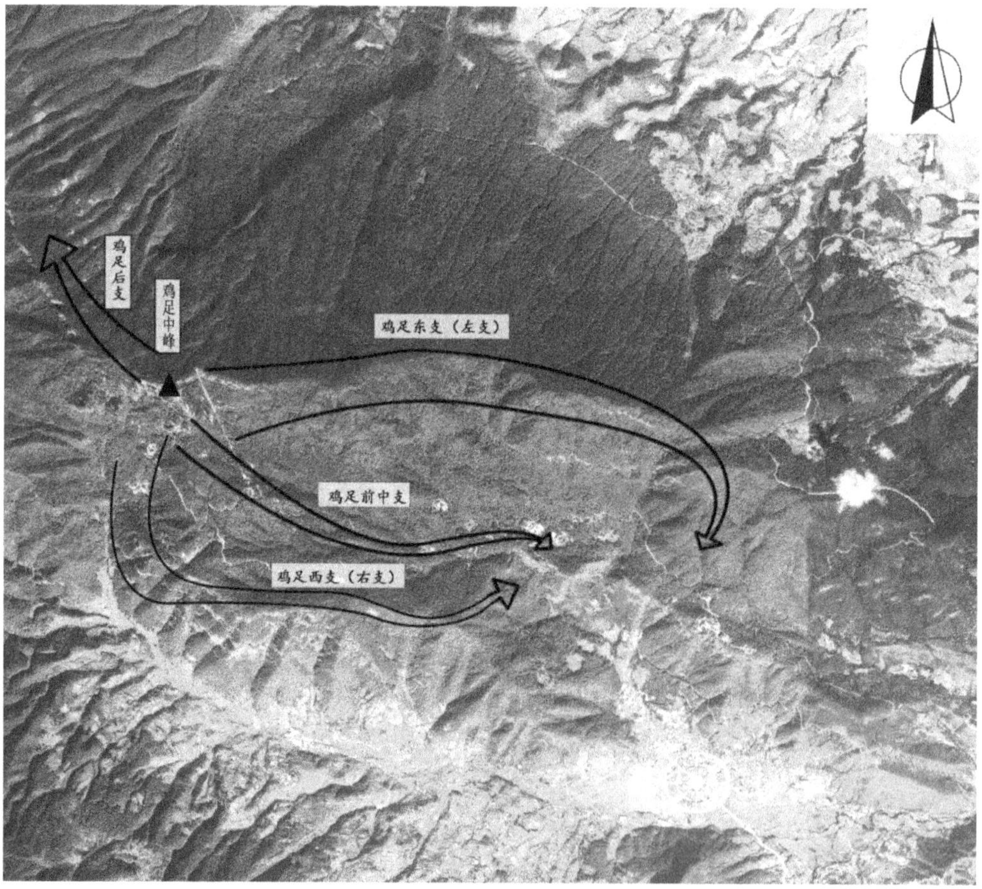

图 3–1 鸡足山“前伸三峰，后拖一岭”示意图 1

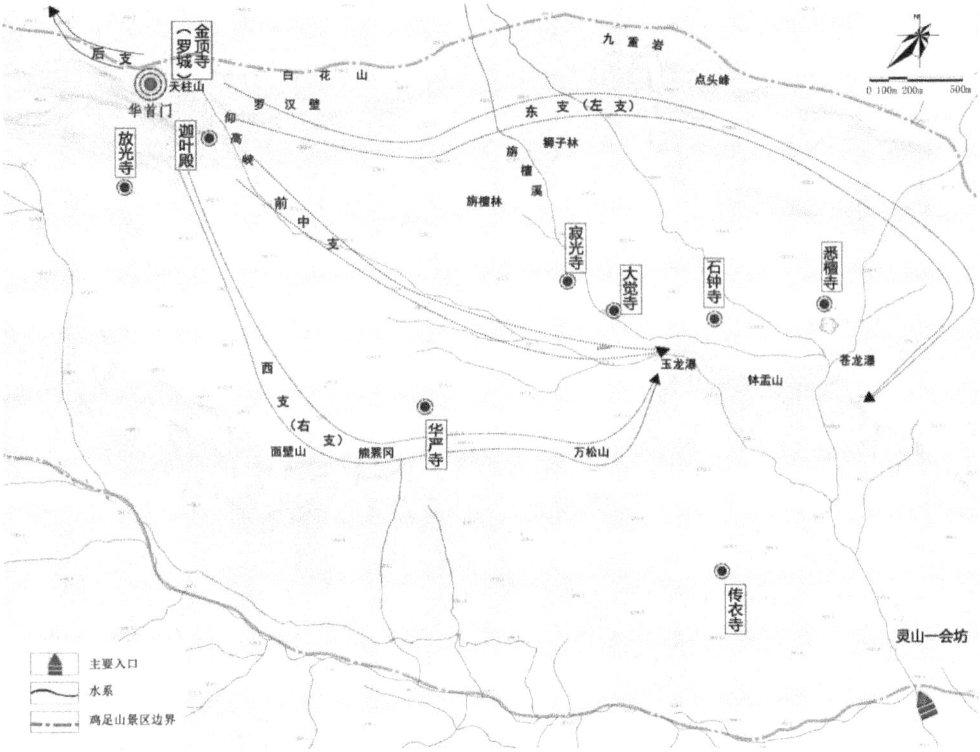

图 3–2 鸡足山“前伸三峰，后拖一岭”示意图 2

3.2.3 山水胜景

鸡足山千岩竞秀，万壑争流。据清代范承勋《鸡足山志》载，山四十有七，峰十有三，崖壁三十有四，洞四十有五，溪泉一百余所，至于冈岭壑涧，林谷峡石，不可胜数。山中藤树相缠、云木交辉、梵刹隐映，百泉响雪，洵南干龙之名胜也。鸡足山在天下之山川体系中占据独特的地位。

3.2.3.1 山：四支环拱，争奇竞秀

鸡足山以峰顶为中，前后四支呈环拱之姿。而于山之胜概巨观，清御史王继文称赞争奇竞秀且变幻莫可名状。

通过对古代各个版本的《鸡足山志》整理研究，得出鸡足山地形地貌丰富且独特，总体包含山、峰、岩、壁、林、洞、台、坡、冈、岭、石、峡、谷、箐、坪、窝、窟等类型，并且每

一种类型的山体地貌都和宗教、寺庵发生关系。

首先，从命名来看，其中多次出现白象、狮子等神兽。在佛教中，白象和狮子均为菩萨坐骑，文殊菩萨骑青狮，普贤菩萨乘白象。不仅如此，用马、蛇、鸡、猴、龙等命名或描摹山势的情况众多。可见，这些峰峦岩壁、崖洞窝窟、冈岭石峡都和宗教有着千丝万缕的联系。

其次，各种山体景观独特奇秀，幽窅险绝，各具特色，吸引了众多信徒建寺立庵，栖禅隐修。有的甚至栖禅于自然之洞、台、窝、窟、岩、壁中，以石洞为寺，修行其中，长者达数十年之久。

3.2.3.2 水：水万珠帘，泓峥萧瑟

《易经》有云："天一生水，地六成之。""天生水，气之所积，孕秀在水，水生万物焉。"水也是鸡足山寺庵中生活修行和环境营造不可或缺的重要元素。通过整理古代各个版本《鸡足山志》，鸡足山源泉奔流不下百十余，水体类型涵盖溪、涧、瀑、潭、泉、池、塘、湖等多种形式，崖石坠泉，涧瀑奇泻，溪泉奔流，深窅回曲，窈窕冲融。整理发现，山中水体深窅回曲、涓涌不息，水旁常有奇葩异卉，景色幽奇、花果繁盛，并且水质芬洌鲜澄。不少僧尼临水建寺立庵，或引水入寺，或借水构室，营造泉浚其下，室映其中，有若碧琉璃内的园林景观。

另外，从水体的命名来看，宗教意象明显，如八功德水、旃檀溪、万佛泉、伽音泉、琉璃泉等，均借用佛教术语概括水体的特征。除此之外，也常用龙命名，如玉龙瀑、大龙潭、小龙潭、青龙泉、潜龙泉、金龙泉、盘龙泉。一是与迦叶入定有七十二龙来护此山的佛教故事相联系，象征佛法无边，天龙驯服的宗教意象；二是表现溪泉深窅回曲、婉转幽奇之胜。

3.3 人文环境：名贤名胜，撮谓传芳

擅天地灵奇者，无如山水；而能阐山水灵奇者，赖有人文。山水之灵奇因为有人文得以彰显，正如明代李元阳有云："以文人之笔舌，传山水之精彩。"

3.3.1 名贤

鸡足山在长达一千多年的发展中，高僧辈出，文人墨客荟萃。他们喜爱鸡足山的胜境，营建梵刹，讲经说法，著书立说，从不同侧面记载了鸡足山寺庵的发展与环境，极大丰富了鸡足山的文化。其间，著名地理学家徐霞客、鸡足山高僧大错和尚、云贵总督范承勋、姚安土知府

高奣映先后纂修的《鸡足山志》，成为后人了解古代鸡足山的重要史料。

通过对古代《鸡足山志》人物篇整理研究可知，鸡足山高僧辈出，主要以信仰禅宗为主，且多依仿迦叶尊者，勤修苦行，精持戒律，久耽禅悦，长者达几十年之久。如明代真澄法师，历参诸师、弘演教乘，于鸡足山之金龙潭建兰陀寺，修禅了悟生死；明代幻空法师，于山中建碧云寺，居山四十余年，参禅修道；明代慧光法师，在鸡足山寂光寺剃发出家，备修苦行，久耽禅悦，后跏趺而逝；又如明代明鉴法师，年十八皈依鸡足山圣峰寺，后隐波罗崖，草衣木食，常七日忘餐；等等。可见，鸡足山之幽奇胜景吸引了诸多禅僧来此修禅悟道，这也从宗教的角度解释了缘何山上静室如此之多。

山中高僧辈出，他们谈经传法是鸡足山成为佛教名山的驱动力。较著名的如明嘉靖年间的真语禅师，其创建了止止庵；持戒精严的明代读本禅师，在鸡足山寂光寺修行；明代真利法师，在鸡足山广开讲席，谈经三十余会，至八十而终；又见明代洪希禅师，七岁在鸡足山出家，留下诗文数卷；明代如桂禅师，号兰宗，年十八即剃度出家，遍参海内知识，精通教典，住狮子林三十余年。诸位高僧大德勤学不倦，成绩斐然，使鸡足山佛教名山的地位得以确立，丰富了鸡足山的佛教文化。

3.3.2 名胜

清高奣映有云："故志鸡山之胜，义在形势；而形势之胜，厥为名胜。"青山碧溪、涧谷幽曲，鸡足山丰富独特的山水环境经过文人高隐的题咏和传唱，形成了文化景观，如明代的"峰顶四观""鸡山八景"，清康熙年间又在前"鸡山八景"中取舍增减，形成"胜概八景""幽胜八景""灵异八景"等风景名胜，故徐霞客称赞其景秀甲天下。

其胜景不乏神话传说，这些折射出古人对解脱悟道和极乐梵境的向往和追求。鸡足山历史悠久，据史料记载，早在南诏时期山上已有佛教寺庵和出家僧人的痕迹，到明清时期高隐名贤荟萃，留下了诸多传说故事和名胜古迹，如山志中记载有异迹二十则、古迹二十六则，可以初步看出隐者对于山中奇异景观、名士高隐和迦叶尊者的崇拜，以及从中流露出的对证悟成佛的至高追求。

3.3.3 建置

鸡足山佛教历史文化源远流长，始于南诏，兴于唐宋；到明清时期，山中形成了大寺八所、小寺三十四所、庵院六十五所、静室一百七十余所，常住僧尼达五千余人的鼎盛局面。山冈坡岭、林间溪畔布满了大大小小的寺院、庵宇、静室、亭轩、桥梁、楼阁、坊台等建筑。山中烟雾袅袅，梵刹隐映，香雾弥漫。

此盛况在同时期佛教名山中可谓首屈一指，然而鸡足山寺庵无金铺啮兽，无华宇缠龙，此崇俭尚古之风正是延续了迦叶尊者修苦行之举。寺宇梵刹等体现了浓郁的宗教气息，展现了迦叶道场、鸡足名山的建筑风格。

3.4 本章小结

综上所述，鸡足山之所以成为佛教名山道场，吸引海内外佛教徒来此建寺立庵，并得到朝廷的扶持，主要原因是其历史区位和山脉形势都和佛教产生了紧密联系，并且其独特而丰富的环境资源和意境更加契合佛教禅宗的修行意象。

首先，鸡足山具有“三道汇聚，控引西番”的区位条件。从宏观角度来看，鸡足山乃滇西扼塞之地，位处古滇政权中心大理洱海地区，与丽江接壤、临吐蕃、通缅甸。地处印度佛教入滇三条主要通道，即天竺道、吐蕃道、中土道之交会处，汇聚了汉传佛教、藏传佛教和南传佛教，出现一山三教的罕见局面。从微观角度来看，鸡足山地界一府三州，北界北胜州、东南界宾川州，西界邓川州，总属大理府；前临苍洱，后带金沙，山环水绕，实为金方佛地、益部神丘。

其次，鸡足山自然形胜符合宗教意象。鸡足山背抵西北，面向东南，自峰顶环观山形，前伸三距，后拖一支，宛然鸡足形，与印度迦叶尊者入定之山形势相似，可见鸡足山在山脉形势上具有宗教意象。

最后，鸡足山自然环境独特，人文景观丰富。山中藤树相缠、云木交辉、梵刹隐映，百泉响雪。丰富独特的山水环境经过络绎不绝的文人高隐题咏和传唱，形成了鸡足山名胜古迹，如明代的“鸡山八景”，清代的“胜概八景”“幽胜八景”“灵异八景”以及“异迹二十则”“古迹二十六则”等，其中的神话传说折射出古人对奇异景观和迦叶尊者的崇拜，以及对证悟成佛、极乐梵境的向往和追求。名山修名志，此乃中华文化一绝也。鸡足山也不例外。从明代著名地理学家徐霞客所撰《鸡足山志》肇始，陆续有众多文人学者、官员士子为之著书立说。一山有如此文化之底蕴，在滇中尚属少见，堪称文化一奇。

第4章 鸡足山佛教寺庵源流

· 鸡足山形成缘起
· 鸡足山寺庵初创与沿革
· 『大寺八、小寺三十有四』考析
· 鸡足山寺庵发展兴盛因由
· 本章小结

4.1 鸡足山形成缘起

4.1.1 摩诃迦叶

鸡足山是传说摩诃迦叶持释迦牟尼佛袈裟入定的圣地，因此，了解和研究鸡足山，首当从摩诃迦叶说起。摩诃迦叶，俗姓波罗门，印度摩竭陀国人。因梵文中“摩诃”又解作“大”，故又名“大迦叶”，也称“迦叶波”，意为饮光。摩诃迦叶是释迦牟尼十大弟子之一，有“头陀第一”“上行第一”等称号。他是释迦牟尼弟子中道德高尚的长者。

释迦牟尼灵山会上拈花示众，以心传心于摩诃迦叶，并对众宣布称其有正法眼藏、涅槃妙心，不立文字，是凡夫成佛的第一义谛，将其托付给摩诃迦叶。这是释迦牟尼佛首次也是唯一一次以心法传宗，摩诃迦叶心领神会，顿悟正觉，成为真正意义上的禅宗初祖。于是释迦牟尼把平素所用的金缕袈裟和钵盂（简称衣钵）授予摩诃迦叶，并嘱咐其留以传付。释迦牟尼把衣钵交给摩诃迦叶，说明迦叶尊者得到了释迦牟尼的心法正宗。

遂而，释迦牟尼涅槃后，作为大弟子的摩诃迦叶开始主持整理经、律、论三藏佛教经典的结集工作。阿难尊者负责整理经藏部分，即释迦牟尼语录；优波离尊者负责整理律藏部分，即戒律方面；摩诃迦叶尊者则负责整理论藏部分，即佛陀各个弟子论辩的要点。以上经、律、论三套典籍总称藏经，奉为佛教中的传世经典。其间由阿阇世王为外护，在毕波罗山侧的七叶窟前建造精舍，集合五百比丘，作为释迦牟尼涅槃后第一次的安居处。之后待摩诃迦叶结集工作结束，即将入涅槃之时，捧释迦牟尼的金缕袈裟，赴鸡足山捧衣入定，以待弥勒佛诞生于娑婆世界，将衣钵传承给他。

有关此传说记载简明扼要，如明代高僧彻庸所著的《曹溪一滴》中就有对摩诃迦叶受法，并最终携释迦牟尼袈裟入定鸡足山的记载。由此，鸡足山便因摩诃迦叶而被人所知，成为摩诃迦叶的道场，并因为释迦牟尼的衣钵传授之地而成为佛教徒心目中的圣山。

4.1.2 迦叶入定鸡足山辨析

目前，以摩诃迦叶道场而闻名的鸡足山共有两座，一在古印度摩竭陀国（今印度比哈尔邦），一在云南大理宾川县，即本书研究对象。然为何有两座鸡足山，且均是摩诃迦叶道场？首先从鸡足山缘起之迦叶入定说起。鸡足山之名肇始于印度佛教中，又称鸡脚山或尊足山，是释迦牟尼佛的大弟子摩诃迦叶守衣入定之地。据最早汉语佛教文献《阿育王传》的记载，摩诃迦叶尊者在入涅槃前于王舍城乞食，欲与阿阇世王道别，不巧阿阇世王正处眠睡中，待到醒来与阿难尊者赴鸡足山探望，摩诃迦叶已入定山中。

此种传说在《阿育王经》《付法因缘传》《传法正宗传》《释迦方志》等佛教典籍中可找到相关记录，但较为详细记载当属唐玄奘《大唐西域记》，其中不仅详细记录了摩诃迦叶捧佛祖衣钵入定鸡足山以待弥勒佛之说，且更加确切地描述了其所入鸡足山之形胜，高峦险壑、三峰峻起，山势地形之复杂险峻，有三脊隆起之特征。其次玄奘所描述之鸡足山于印度莫诃河东百余里地，可见此山应在印度境内。

迦叶尊者主持的第一次结集是在佛陀涅槃的当年，即公元前 486 年，从其描述可推测摩诃迦叶入定鸡足山的时间应为公元前 467 年。据禅宗祖师宣化上人所云，迦叶尊者 120 岁时才遇到释迦牟尼，并随之出家，是佛弟子里年纪最长者，又从宋沙门释契嵩编修的《传法正宗记》卷二《天竺第一祖摩诃迦叶尊者传》关于摩诃迦叶修行时间记载，摩诃迦叶处世四十五年终以结集既毕，推测摩诃迦叶入定鸡足山时年龄至少 165 岁。

早在五代时期，云南出家人释玄鉴的《护国司南抄》中，已出现“鸡足山”一词，但指的是印度的鸡足山。关于迦叶入定之鸡足山的描述，较确切且时间较早的还有赴印求法的东晋僧人法显（334—420）写的《佛国记》，其中记录法显朝拜了佛成道处。

《佛国记》是了解印度佛教的重要资料，其中关于鸡足山的描述具有可信性。从法显的记录中可知，鸡足山位于佛成道处南三里处。然而佛成道处在《大唐西域记》中就有相关公案记载，并公认为位于古印度摩竭陀国尼连禅河边，即现今印度比哈尔（Bihar）邦境内的菩提迦耶，则可推之，鸡足山也应在今印度境内，且距菩提迦耶三里左右。另外，其记中提到法显朝完鸡足山返回巴连弗邑。巴连弗邑为古印度摩竭陀国的国都，多有佛经关于巴连弗邑的记载。因此，更加进一步说明迦叶尊者入定之鸡足山于印度的说法。

继法显和玄奘之后，唐道宣的《续高僧传》《释迦方志》，唐智升的《开元释教录》中也均有关于大迦叶入定鸡足山的记载，但是都未有任何蛛丝马迹可证明迦叶入定之鸡足山在中国云南。而在汉语佛教文献中，开始出现滇之鸡足山的可靠古籍资料是在明代，如钱谦益在《牧斋初学集》中有提及。有类似记载滇之鸡足山的佛教典籍还有清纪荫的《宗统编年》、清霁仑超永的《五灯全书》、清彭绍升的《居士传・李贽传》等。然明以前，历代文献方志在提到滇中该山时，却称其为九曲山或九重岩，如元代成书的《混一方舆胜览》中就称之为九曲山。甚至到明正德年间的《云南志》卷三也称九曲山，又如明初的文献《大明一统志》、明《寰宇通志》、景泰《云南图经》等也未称其鸡足山。就连鸡足山的痴迷者、把修《鸡足山志》当作人生绝唱的徐霞客，对迦叶守衣入定之鸡足山也持谨慎的保留态度。其在《徐霞客游记》中写道：“坐（悉檀寺）楼前池上征迦叶事，取《藏经》中与鸡山相涉者，摘一二段录之。始知《经》言‘迦叶守衣入定，有四石山来合’，即其事也，亦未尝有鸡足名。又知迦叶亦有三，惟迦叶波名为摩诃迦叶。‘摩诃’，大也，余皆小迦叶耳。”而其《鸡山志略》除在“接待寺”有天心“遥礼”外，不着一句迦叶事。

云南佛教研究专家侯冲教授认为，自明朝初年的《白古通记》之后，九曲山便改称鸡足山，遂而迦叶尊者于此入定之说便开始流传，以至于记载到滇中地方史志中。

综上所述，鸡足山因禅宗初祖摩诃迦叶尊者守衣入定以待弥勒之记载而成为迦叶道场，并因此而闻名，成为佛教圣地。然而通过文献分析可以看出，真正的迦叶入定之鸡足山应在印度境内。如果假设迦叶尊者通过古代天竺道来滇，一方面，天竺道路途异常艰险崎岖；另一方面，印度王舍城距滇达数千里，在以步行为主的时代，客观理性来讲，不大可能日行千里来到滇中鸡足山入定，何况迦叶尊者已是垂老之躯，年之老矣。

4.1.3 滇中鸡足名山之形成

那么，滇之迦叶道场鸡足山是何时何原因形成的？并且成为海内外佛教界所承认和尊崇的迦叶道场？首先应当从《白古通记》说起。《白古通记》是一部白族古代史书，杂糅了云南古代历史和传说故事。原书系白文，但其书清代即佚，云南民族大学王叔武教授辑有佚文，收在《云南古佚书钞》一书中。现存之《白古通记》系云南地方史志，是研究白族文化和云南地方宗教史、民族史、艺术史等相关方面的重要文献资料，尤其记中提到诸多鸡足山相关信息，对本文研究具有不可估量的意义。

从书中对鸡足山的记载可知两个重要信息：一是如今云南鸡足山并不是自有以来就叫鸡足山，古称青巅山；二是本记的成书年代与鸡足山形成息息相关。关于《白古通记》（以下简称《白记》）的成书年代，据王叔武教授根据万历《云南通志》卷十六《羁縻志》引用“（元）世祖斩高祥于五华楼下”之语出自《白古通记》，考证其成书时间不会早于元初。又从译自《白古通・玄峰年运志》的《滇载记》、王崧本《南诏野史》以及佚名的《僰古通记浅述》等数本摘引过《白记》的史志中可看出，《白记》中应该含有元代大理段氏总管及明初明军平定云南的载述。侯冲教授进一步根据“白古通”系史志以及《白记》内定赋法、筑城隍、设卫保、立学校等内容推断《白古通记》成书上限为洪武十七年，以及根据现存明代碑刻中引用《白记》系列书籍（如《白史》和《郡志》）最早的是永乐十四年徐源撰《张公圹志》等内容，断定《白古通记》成书时间下限为永乐十四年，因此《白古通记》成书年代应在明洪武十七年至永乐十四年间（1384—1416）。

地方史志关于鸡足山形成时间记载，如元《混一方舆胜览》中记载，九曲山峰峦攒簇，状如莲花，盘曲九折，在洱河东北。由元代和明初资料编撰而成的《寰宇通志》记载，九曲山在西洱河东北百余里，盘折九曲而上，顶有石门，高不可入。可见，元代时鸡足山还称为九曲山。成书于明天顺五年的《大明一统志》也载，九曲山又名九重岩，西洱河东百余里。以上资料表明，至迟明天顺时期，迦叶道场之鸡足山还未出现。但是清范承勋的《鸡足山志·寺上》记载，明永乐正统间，敕赐大少林寺僧了通、了晓重建石钟寺。

可以看出，皇帝如此青睐和重视，说明当时九曲山（即鸡足山）地位之重，那么就可以推知，明永乐正统年间九曲山即为迦叶入定之鸡足山的认知已然形成。不然，区区九曲山不会得到如此待遇。那么这种结论恰与上述史志记载推测的时间有所出入。究竟鸡足山形成何时通过《白古通记》可知晓答案。

《白古通记》中称大理为妙香城，是佛教古都，其中记载，鸡足山古名青巅山，因形像鸡足遂由迦毗罗国净梵大王更名为鸡足山，又建迦叶、圆觉、龙华、石钟等寺庵，这是最早将九曲山称为鸡足山的文献记载。遂而又记述，迦叶尊者即由点苍山入洱海东鸡足山，并在山上莲花石上留有尊者足迹，深有数寸，并且，迦叶入定后，佛陀弟子阿难亲刻迦叶像于华首门处。

可见，《白古通记》内容主要讲大理是妙香佛国，大理点苍山即为佛陀说法的灵鹫山，而宾川县九曲山即为摩诃迦叶入定之鸡足山。可以说，有了《白古通记》九曲山才有了事实根据来证明其为迦叶入定之鸡足山。而上面已有论述《白古通记》成书年代应在明洪武十七年至永乐十四年间，再衔接范承勋《鸡足山志》永乐正统间敕赐大少林寺僧重修石钟寺之载，可以得出，鸡足山形成时间应为《白古通记》成书时间之后，至迟不晚于永乐年间。

《白古通记》不仅强化了白族人民的民族意识，坚定了本民族的信念，并且在民族冲击激烈的情况下，稳固了白族的文化地位，更为云南鸡足山的形成和迦叶道场的确立提供了依据和精神基础，造就了滇之鸡足山佛教崛起发展的殊胜因缘。继而，传说于鸡足山圣峰寺发现载有迦叶入定时八明王歌咏颂佛于此地的碑文，自此之后，滇之鸡足山更被天下认可，进一步确立了滇之鸡足山迦叶道场的依据和地位，也进一步扩大了鸡足山为迦叶入定之所的宣传。随着迦叶道场之鸡足山不断深入人心，九曲山之名逐渐被鸡足山所取代。明崇祯庚辰（1640 年），乌斯藏大宝法王遣其弟子来云南鸡足山朝礼迦叶，并且西方藏传佛教僧侣每年来朝鸡足山者颇多。可见，滇中鸡足山迦叶道场之说已约定俗成，被人们认可和接受。海内外僧俗慕名纷至沓来，修行建寺，经过无数僧俗、寓山名流的不懈努力，到明代中后期云南鸡足山就真正成了佛教信仰中迦叶道场，成为僧俗向往的一块神圣净地。

综合分析云南迦叶道场之鸡足山的形成，主要受以下几方面影响。

1）历史因素

形成于明初的鸡足山有一个特定的历史背景和条件。明朝初年，明太祖朱元璋在平定中原内地后不久，遂率大军征讨收复云南。于洪武十五年（1382 年）占据大理后，定租赋、筑城隍、兴学校、立卫堡、瘗战骨、广屯田，抚军储蓄，创设诸司衙门，力图利用佛教辅佐儒家思想，推行其所谓的圣化和教化，并同时压抑、扼杀大理地区自南诏大理以来相沿不替的白族文化，认为当地白族所信仰的阿吒力教非释非道，足以惑众，明令禁止，大力打击拆毁大批“淫祠”，将在官之典册、在野之简编付之一炬，以此来达到树立皇威和教化云南各族人民的目的。这些措施和政策促成了明初云南民族心理的巨变，白族一直以来的优越感被汉民族取代，少数民族意识和身份等级被严重削弱。面对这种扼杀和扭转本土意识形态的措施和局面，白族急需一种方式或方法来重现和确立自己的民族地位。

在这种历史条件下，白族一些有识之士便通过采集史事和传说，通过用白文编撰出的《白古通记》，向推崇佛教的明朝政府来证实自己佛教血统的纯正，大理作为阿育王故都、佛教古城地位十分重要。另外，南诏大理国时期，云南崇佛之风兴盛，尤其是半巫半佛、行教诡秘的阿吒力教在云南各民族中得到了广泛的接受与传播，这一信仰为之后白族从意识形态上接受《白古通记》之说提供了重要的思想基础。由此，《白古通记》所传之说很快被本地人民所接受，并确信自己就是古印度九龙族之裔，不至于被汉族文化同化。从这一历史背景来看，可以说鸡足山的形成是白族意识高涨的产物，也是历史所趋。

2）地理因素

九曲山之所以最后能被认定为迦叶入定之鸡足山，最重要的一方面即是其地貌特征等自然条件与佛经所描述的鸡足山极其相似。唐道宣的《释迦方志》卷下描述印度鸡足山直上三峰，状如鸡足，峭绝孤起，迥然空表，半下茂林，半上蔓草；往天竺求法的玄奘据其所见，描述鸡足山高峦峭无极，深壑洞无涯，山麓溪涧，乔林罗谷，岗岑岭嶂，繁草被岩，峻起三峰，傍挺绝崿；其他佛经如《法显传》《五灯会元》《传法正宗传》等也都有简略的描述迦叶入定之鸡足山之形貌，而其中描述的“峻起三峰”“三脊隆起”“状似鸡足”等地理特征正与滇之九曲山“峰岳攒簇，状若莲花”，远远望去，“前伸三峰，后拖一岭，形象鸡足”等自然条件相吻合。并且，《白古通记》把九曲山上特色的地形地貌赋予了佛教传说故事，更有力地佐证了九曲山就是迦叶入定之鸡足山。可以说，滇之九曲山之所以成为迦叶入定之鸡足山与其独特的地形地貌等自然优势有着极大关系。

3）宗教因素

佛教发源于古印度，却在东南亚及东亚等地发扬光大。大理地区自古就是佛教圣地，特别是大理国时期，王室的推崇、引导，开创了中华佛教史上绝无仅有的帝僧王国。先后 9 位帝王禅位为僧，以及儒释、释儒的朝堂执政，政教合一的制度等，表明佛教之深入人心且昌盛发达程度。虽然大理地区之后纳入元朝疆域，转变为国家行省，但忽必烈的佛教信仰并未使大理佛教的发展受到负面影响，反而更大地促进了中原佛教向滇中大理的传播和交融。

明朝，因为明太祖朱元璋的出家经历以及出于巩固封建统治的需要，明太祖对佛教持相对宽松的态度，不仅滇中出现了府、州、县三级僧官管理制，中原地区士子好佛成风。到了明中后期，全国高僧辈出，禅宗的地位不断提升。佛教在滇乃至中原发展之辉煌与印度佛教的没落与衰亡形成了鲜明的对比。这种大好局势也促进了禅宗道场——滇之鸡足山的形成。中国禅宗的代代传播发展，使九曲山这一名称成为历史，取而代之的鸡足山在佛教界的地位不断提高，并成为传播佛法、彰显佛教文化的重地，且至今未绝，影响广泛而深远。随着历史的发展，只能供人们在佛教典籍中追溯昔日盛景的印度鸡足山，与生生不息的传承佛法精神之中国鸡足山相比较，可谓“灵鹫一片荒凉土，岂比苍苍鸡足山”。

4）思维方式

文化无非是人文化了的自然界，有了人，诸多风景名山就变成了文化，而宗教是一种重要的文化形式。作为一种特定的文化，宗教也有其特有的思维方式，这种思维一般是属于科学之外的，通常是基于普通人民大众经验性地听到或看到的事物，再付诸合理的推断，以得出具有指导性的结论。

这种思维方式一般存在于哲学或宗教等信仰范畴，它的特点就是仅仅停留在多数人的共识层面而约定俗成，从而具有指导作用和意义，但可能经不起科学的验证。比如《滇释纪・应化》中记载一则公案，西域人禅陀子在天宝年间随李贤者游至大理时，贤者因营建崇圣寺之需，命禅陀子画祇园精舍图，随后禅陀子朝去暮回，贤者问其是否带回灵鹫山图，他仅回答带回来了，当再次问其在哪里时，禅陀子只是绕了贤者一圈，什么话也没说，就走出了寺门。禅陀子的动作是禅语，属于佛教的一种思维方式，一种暗语，一种冥想，也是一种顿悟和理解，正如佛教中所讲的境由心造，可看成哲学上的一种意识形态。

这种思维可以说是万事唯心造，唯心所现，唯识所变。心好比画家，画什么成什么，可称为不可思议的禅意。从这个角度来思维上述公案，即可理解禅陀子的答案即是灵鹫山就在此，就是大理的点苍山。那么顺着这个思维，从宗教的视角来推理鸡足山的形成，也就不难理解，为何佛教界坚持滇之鸡足山就是摩诃迦叶入定之所，以至于最终成为国内外佛教徒顶礼膜拜的迦叶道场。可见，对于《白古通记》中记载的这种传言，不能仅仅以现代人的观点来笼统评论其是附会，也许从宗教学的思维上来看待其缘起会知其所以然。

4.2 鸡足山寺庵初创与沿革

从《鸡足山志》中来看，较早的关于鸡足山寺庵的记录应为小澄和尚传说。相传南诏时鸡足山有个僧人叫小澄，与另两僧人同住一庵。小澄到城里化缘乞食，南诏王问他懂什么法门，他回答可以叫死者往生极乐国。有人在南诏王面前说小澄和尚骗人，愿意进棺材试验揭穿他。南诏王同意了，于是叫小澄来开棺，看死者能否复生。小澄开棺看，那人果真死了，于是南诏王求他让死者复活，小澄果然把死者弄活了。小澄回庵后向两个僧人要吃的，二僧未给，小澄随即离开，走向迦叶石门，门轰的一声开了，小澄进去了。待二僧追赶到这里时，石门已关闭。二僧非常悔恨，在石门外自焚，后来这里长出两棵柏树。有关南诏时期鸡足山寺庵情况的记载，还有高奣映《鸡足山志》中记载道清和尚的传说。据说道清和尚能用异术驱役鬼神，在民间影响很大，被南诏王册封为显密圆通大义法师。

以上关于南诏时期鸡足山传说故事的记载虽多有些神话色彩，但从中不难看出，南诏时期山上已有佛教寺庵和出家僧人的痕迹。其中佛寺主要为庵，且形式较为简陋，有居住功能。另外，关于此时期仅有的记载形式为近似神话的故事，可见当时山上佛教受南诏大理信奉的滇密影响较大，善用咒诵法术传教。

云南白族段氏大理国属于地方割据政权，信奉佛教密宗。据《南诏野史》记载，段氏开国之主段思平好佛，岁岁建寺，铸佛万尊。同时，大理国段氏时期共有 22 位国主，先后有 9 人逊位为僧，可见佛教之深入人心。据明万历《云南通志》中记载有宋僧慈济在鸡足山礼佛。另外，据高奣映《鸡足山志》中记载宋代鸡足山有一位名阿标的神僧在鸡足山巅修炼，能进风洞到二三百里外的市上买东西，片刻就满筐而归。此外还有无言和尚，能持铁钵施法得天之晴雨，被大理国王封为灌顶法师，后在鸡足山解脱坡坐化。可见，宋代大理国时期鸡足山仍是密宗佛教传习的地方，但没有被广泛传播，更未见有寺出现。

到了元代，忽必烈以革囊渡过金沙江，灭大理国，迂回南宋，统一中国。云南成为中央行省，政治中心由大理东移昆明。受蒙古统治者仍信佛教的影响，中原禅宗传入滇，并逐渐向大理洱海地区推进和发展。深山老林也开始逐渐被禅僧重视，鸡足山上奇秀幽深的环境为注重隐修的禅僧所看重。

如范承勋《鸡足山志》中记载一位源空和尚，三岁能诵佛号，入微溪山为僧，尝游螺髻山，后入九重岩，打坐断食数月。可见，此时期鸡足山已出现僧人打坐修禅。另外范志中又记录了一位普通禅师，幼入鸡足山出家，遍历讲席，后结庵山中开悟；河南本源和尚至正年间来到鸡足山，在大龙潭上建罗汉寺。可见，元代鸡足山中佛寺仍以庵为主，直到元末至正年间开始建寺，名为罗汉寺。继罗汉寺之后，元末明初，鸡足山又先后建成圆觉庵、大士庵、弥勒院、接待寺等佛寺，开创了鸡足山上佛教寺庵建设的风潮。

虽然元末明初，鸡足山已有寺庵建设的痕迹，但是迦叶入定鸡足山之说还没有在滇中传播开来，大理鸡足山还称为九曲山。故明永乐以前山中虽有唐代小澄和尚传说、宋代苦行僧慈济苦修，元代禅僧如普通、本源和苦行僧源空在山中结庵修行，但名不著，教不广，更谈不上有什么胜地。

“以有佛，遂有迦叶；以有迦叶，乃传鸡足山。”鸡足山为佛陀大弟子摩诃迦叶守衣入定处的说法，无疑在《白古通记》一书中出现后就得到了广泛的传播。明初鸡足山的形成加上佛教禅宗的主流地位，加之朝廷对佛教的支持以及官绅资助和护法等原因，使得中原内地禅僧纷纷赴滇之鸡足山朝拜、建寺，寺庵大增，高僧辈出。

鸡足山高僧中有的到内地讲经，有的有著作行世，于是声誉日隆，吸引了广大的信徒和游客，一时间僧众成千，香客上万。明李元阳记录每年除夕和正月初一赴山朝圣的人数以万计，徐霞客曾目睹朝圣的盛况，称“瞰星辰烨烨下垂，坞底火光，远近纷拏，皆朝山者，彻夜荧然不绝，与瑶池月下，又一观矣”。明朝，鸡足山佛教与寺庵步入了兴盛时期。

与不少信徒只到鸡足山朝圣不同，高僧达官、绅士名流竞相赴鸡足山创建寺庵。据高志记载，明永乐正统年间，敕遣大少林寺僧了通、了晓重修石钟寺，石钟寺成为鸡足山开山以来第一座大型寺院，并随着历朝历代的修建，最终成为鸡足山“八大寺”之一。之后明天顺年间（1457—1464 年）建云海庵；明成化年间（1465—1487 年）建隆祥寺、白井庵；明弘治年间（1488—1505 年）建龙华寺、了空庵、花椒庵、大乘庵、白石庵等庵院；明正德年间（1506—1521 年）建传灯寺、慧灵庵。此后，云南鸡足山寺庵如雨后春笋般出现。

根据范志和高志统计，明代景泰年之后明确记载始建年限的寺院共 38 座，其中成化年间 1 座，弘治年间 1 座，正德年间 1 座，嘉靖年间建华严庵、圆净庵、五华庵、无我庵、净觉庵、极乐庵等寺院 14 座，隆庆年间建圆通寺，万历年间建悉檀寺、首传寺、兰陀寺、西来寺、祝国寺、白云寺等寺院 18 座，天启年间建碧云寺、吉祥寺。有明确记载始建年限的庵院共 69 座，其中成化年间建白井庵，弘治年间建了空庵、花椒庵等庵院 5 座，正德年间建慧灵庵，嘉靖年间建华严庵、圆净庵、五华庵、无我庵等庵院 20 座，隆庆年间建般若庵，万历年间建大觉庵、止止庵、补处庵、幻住庵等庵院29座，天启年间建继周庵、梨花庵、梅隐庵，崇祯年间建尊胜塔院、片云居、白云居、古雪斋等庵院9座。有明确记载始建年限的静室共80座，其中嘉靖年间建大云居，万历年间建万佛堂、休歇处、念佛堂、观音崖室等静室16座，天启年间建撒手处、杨真处、烟霞室、玉霖轩等静室23座，崇祯年间建安心处、一笑轩、贯彻室等静室40座（详见附表4-1）。

以上统计总体来说，明成化年间始建寺庵静室2座，明弘治年间始建寺庵静室共6座，明正德年间始建寺庵静室共2座，明嘉靖年间始建寺庵静室共35座，明隆庆年间始建寺庵静室共计2座，明万历年间始建寺庵静室共63座，明天启年间始建寺庵静室共28座，明崇祯年间始建寺庵静室共49座。

由此可见，明代成化年间，鸡足山进入了发展时期，之后山上寺庵建设呈现迅猛发展的趋势，尤其从嘉靖到崇祯年间，寺庵建设数量斐然。其中寺院和庵院的营建之风主要集中于嘉靖和万历时期，而静室的兴建从嘉靖年间到崇祯年间呈现显著增长的趋势，到了崇祯年间达到营建的高峰。山中香烟缭绕，僧众上千，朝圣之人络绎不绝。山中汇聚了白族、彝族、哈尼族、德昂族、佤族、布依族、布朗族、纳西族、藏族、汉族等民族以及东南亚各国远道而来朝山的信仰者，他们以多姿多彩活动和习俗来表达对鸡足山的崇敬和景仰之情。

在这期间，寺庵的建设发展显著，同时文人名士、高僧贤德慕名来此研学隐修，为鸡足山文化的发展作出了重要贡献。如嘉靖状元罗洪先到山，与李元阳论道于宾苍阁；嘉靖进士罗汝芳，官至云南督学道兼督粮参政，与李元阳同游鸡足、诗赋联额、辉映寺庵；学者李载贽，得精于禅，万历时任姚安知府时两次游览鸡足山，留山数月，听经诗文；状元杨慎驻足于鸡足山牟尼庵期间广采博收，遍山游览，留下了不少诗文篇章。

最著名的学者当属历史学家及地理学家徐霞客，他曾两次登山览胜，前后流连近半年时间，详细考察了鸡足山地质、水文、生物、景点和历史文化，留下日记3万多字，诗27首，应丽江土知府木增之请，编写了《鸡足山志》。只可惜其因病没有完稿，回乡后去世，最后只遗存《鸡足山志目》《志略》两篇。名士高僧的著作、诗画，不仅使鸡足山名扬天下，更对鸡足山的文化发展起到了推动作用。

从明成化年间到崇祯年间鸡足山寺庵的大力修建，促进了鸡足山佛教文化迅速发展，使鸡足山步入了“梵钟声彻三千界，鸡足名标第一山”的兴盛时期，这种盛况一直延续到清朝初年。清初顺治年间，明永历帝朱由榔率逃亡的南明小朝廷来滇，为平息十五国干戈之气，报答三百年水土之恩，对佛教加以保护。

《新纂云南通志》中记载，晋王李定国率军西征告捷返昆途中，在鸡足山高僧学蕴的开示和恳请下，于永历十二年六月上鸡足山持立减免杂派钱粮，过往官兵不得搜求践踏的手谕；同年十二月，永历帝又赐名寂光寺为护国兴明禅寺，并颁赐大觉寺僧周壁紫衣。鸡足山得到庇护，继续兴建和重修了一批寺院。

较详细记载如金顶寺于顺治甲午因殿宇颓废，合山耆宿同僧自玉重修，因观风阁旧址为佛殿，废天长阁为伽蓝殿，废阿难殿为藏经阁，废善雨亭为卧龙轩，废景星亭为碑亭，后有土主殿，前有灵官店；僧广高与合山对迦叶殿进行重修；僧寂顺又对报恩寺进行重修；僧本湛又重修了九莲寺等。到顺治，明末志士钱邦芑（法名大错）《鸡足山指掌图记》中记载，鸡足山共有大寺八、小寺三十有四、庵院六十有五、静室一百七十余所。山冈坡岭、林间溪畔布满了大大小小的寺、庵、殿、阁、精舍、静室等，僧众上千，鸡足山寺庵建设达到了鼎盛时期。

明室倾颓，一批反清复明志士为保节气，不屈服于清朝统治者，毅然来到鸡足山，遁入空门，削发为僧。其中最杰出的代表有崇祯进士曾高捷、“江左大儒”钱邦芑、“云中一鹤”唐泰等，他们都是学富五车、才高八斗的旷世奇才，出家后其法名分别为还源法师、大错和尚、担当和尚，亦僧亦儒、亦儒亦僧，诵经参禅，撰文赋诗，泼墨挥毫，与访山文人名士张瑞扬、李如楠、朱昂、范承勋、高奣映等，创造了鸡足山历史上最辉煌灿烂的人文时期，使鸡足山寺庵文化达到了巅峰。

到清康熙年间鸡足山依然兴旺，寺庵建设主要以重修和重建为主，鸡足山寺庵建设进入了成熟稳定时期。这一时期云贵总督范承勋上山，在金顶寺重建天一阁；巡抚王继文给迦叶殿重建的天咫楼题写了匾额；姚安土知府高奣映在石钟寺建弥勒殿；总督蔡毓荣给重修的华严寺题写了匾额；传衣寺、大觉寺、三摩寺、碧云寺、放光寺、慧灯庵以及五华庵、万寿庵等多处寺庵，都在康熙时得到重修或扩建。

根据清康熙三十一年范承勋《鸡足山志》和康熙四十二年高奣映《鸡足山志》整理得出，康熙年间重修或重建金顶寺、迦叶殿、寂光寺、石钟寺、圣峰寺、华严寺等寺院共 19 座；重修或重建补处庵、幻住庵、尊胜塔院、弥勒院、片云居、白云居等庵院共 31 座，新建祇园庵、永胜庵共 2 座；重修或重建念佛堂、普照室、林泉室、绿净山房、不知处、摩诃室等静室共 14 处（详见附表 4–2）。现存寺院 32 座，庵院 42 座，静室 100 处（详见附表 4–3）。其中罗汉壁静室现存 19 处，旃檀林静室现存 3 处，狮子林静室现存 31 处，九重崖静室现存 6 处，诸庵院现存静室 41 处（详见附表 4–4）。除寺庵外，还有轩、亭、角、堂、坊、塔、殿等建筑 100 余座（详见附表 4–5、附表 4–6）。

这一时期对于《鸡足山志》的编修也达到了鼎盛和成熟阶段。顺治十七年（1660 年），大错和尚在鸡足山约同能文僧，探幽访奇，走遍全山，并采明清文人学者诗词游记，继徐霞客（徐志修于崇祯十二年（1639 年））后纂修了第二部《鸡足山志》。康熙三十一年（1692 年），云贵总督范承勋对徐志的提纲和钱志的残本进行补充整理，纂修了第三部《鸡足山志》并刻版印刷。康熙四十二年（1703 年）高奣映又编纂了第四部《鸡足山志》，共含十五卷，比范志增加了许多艺文和风俗、遗迹、名胜等内容，现存手本。正是这些僧俗文人将鸡足山佛教及寺庵的发展推向了高峰。

《吕氏春秋·博志》有云：“全则必缺，极则必反。”鸡足山寺庵在明末清初达到了巅峰。但此后，朝廷、官府对佛教的支持式微，山上派系林立，子孙和尚将寺院财产世代相袭，一些僧人不遵佛戒，不守寺规，腐化堕落，导致山上寺庵大多圮废。

光绪十五年（1889 年）、二十八年（1902 年）虚云两次上鸡足山朝礼迦叶尊者，目睹山中子孙和尚与俗人无异，各寺僧争权夺利、僧规堕落、道德败坏，寺庵不堪、道场破败，子孙和尚世代继承，不许外来僧人居住，就连德高望重的虚云大师也遭到排斥，在山中无立足之地。虚云遂立下振兴鸡足山佛教的宏愿，创立十方丛林，开单接众，恢复迦叶道场。光绪三十年（1904 年），在大理官府的支持帮助下，虚云得以上山，觅得一殿宇倾颓的迎祥寺（又名钵盂庵）居住。之后虚云亲自到国内外募化功德，筹集建寺资金。

光绪三十二年（1906 年），虚云进京请藏，光绪帝封迎祥寺为护国祝圣禅寺，并赐《龙藏》、銮驾全副，钦命方丈，赐紫衣、钵具、玉印、锡杖、如意，封虚云为“佛慈宏法大师”，令其回山传戒。在国家的支持和护佑下，虚云大师十余年间把祝圣寺建设发展成了规模宏大的十方丛林。与此同时，虚云大师还整顿寺规，开堂讲经，并在大觉寺创办滇西宏誓佛教学堂，培养僧侣，使一度衰落的鸡足山佛教得到短暂的振兴。一直到民国初期，鸡足山由于有虚云大师的护持，发展得以维持，但是其后经历坎坷曲折，难以振兴，逐渐成衰落趋势。

辛亥革命之后，国内兴起破除迷信风潮，佛道寺观自然成了激进分子进攻的对象，逐僧毁寺、侵占寺田情况屡见不鲜，作为滇西佛教名山的鸡足山自然逃脱不掉此股浪潮。驻滇西的陆军第二师师长李根源和迤西道尹赵藩原本率军上山逐僧毁寺，捉拿虚云。但是，由于他们都是饱学之士，当看到鸡足山辉煌灿烂的历史文化遗产时不忍破坏，并深深地被虚云大师的政以齐民、教以化民、教人治心的理论折服。随后，他们对虚云大师执弟子礼，并撤军下山，请虚云大师担任鸡足山总主持。李根源和赵藩留山十余日期间，由虚云大师陪同游遍各寺，考察历史文物古迹，不仅写下诸多诗篇，还搜罗古籍，辑成《鸡足山志补》四卷。

民国二年（1913 年），孙中山为鸡足山题写“饮光俨然”、梁启超题写“灵岳重辉”匾额。同年，云南省成立中华佛教总会云南支部，会长即为虚云大师。次年（1914 年）又于鸡足山成立佛教团，民国六年（1917 年）改称佛教会，民国十五年（1926 年）改组为滇西佛教分会，民国二十一年（1932 年）改为云南佛教会鸡足山分会，民国三十三年（1944 年）改称鸡足山佛教理事会，民国二十二年（1933 年）还创办了融通佛学院。

鸡足山佛教理事会的成立和佛学院的创建，使山上宗教活动正规化，其积极弘扬佛学、整肃戒规，逐渐扭转了山中寺僧腐朽堕落的局面。民国十八年冬，原省政府主席龙公西登鸡足山，遍历寺观，因天柱山为鸡足山形胜最佳处，光明旧塔又为迦叶灵迹之遗，遂发宏愿重建光明塔，更名为楞严塔。至民国二十三年（1934 年）在绅民赞助供养下，楞严塔建成，仍依原址，为方形佛塔，内分七级，外十三级。此举为鸡足山留下了最为壮美的人文景观，并且于抗日战争期间楞严塔还成为中印驼峰空运航线的地面标志，意义重大。

抗日战争时期，云南成了后方重地，国内学者名流荟萃，鸡足山又迎来了短暂的辉煌。这一时期名人学者，如徐悲鸿、费孝通、罗常培、曾昭抡、潘光旦、孙福熙等，慕名而来，留下了一些诗画篇章。虽然鸡足山发展情况看似良好，实际上山中的佛门纷争从未停止，既有宗派门户之争，又有权力之争，其中子孙丛林与十方丛林的纷争时间最长、影响最大，从而导致寺僧流失，多数寺庵陆续圮废。这种情况从虚云大师离山后至 1949 年最为激烈。山中僧人大多贪图享受、好逸恶劳、生活腐化，与世俗无异，据学者研究此时鸡足山有大小寺庵 31 座，住山僧尼共 98 人，其中和尚 84 人，尼姑 14 人，可见其衰落之甚。

1949 年中华人民共和国成立伊始，百废待兴，人民政府根据《共同纲领》保护宗教信仰自由的政策，多次拨款并派员修缮鸡足山寺庵。据记载，1951 年 9 月中共西南局直接拨款 35 000 万元（旧币）修建金顶寺、迦叶殿、华严寺等 12 座寺院，修建慧灯庵、弥勒院、极乐庵等 12 座庵院，修建观音阁、大悲阁、铜瓦殿等 6 座殿阁（详见附表 4–7）。

1952 年宾川县实行土地改革，寺庵占有的农田被分配给农民，僧尼都自食其力、农禅并重，依靠烤竹笋、采药、种地、打核桃、功德供养等收入维持生活。宗教活动正常开展，每年游山香客达三四万人。1963 年，国家拨款进一步对全山寺庵进行修补、油漆、彩绘，全山寺庵焕然一新。但好景不长，1966 年，“文化大革命”开始，鸡足山大部分寺庵遭到破坏。十一届三中全会后，鸡足山大部分寺庵恢复重建。

4.3 “大寺八、小寺三十有四”考析

4.3.1 大错《鸡足山志》42 寺与范《鸡足山志》43 寺之出入

云南鸡足山自明初声名鹊起，数以万计的信徒不远千万里，跨越艰难险阻来此朝圣，每逢

节日，盛况非凡。四海八方的朝圣者也促进了鸡足山的发展，其不仅在佛教界的地位日渐得重，山之胜也随之声名远播。寓山名流、文人硕儒、高僧达官竞相赴鸡足山创建寺庵。

这种寺庵发展建设趋势到明末清初达到鼎盛时期，大错和尚《鸡足山指掌图记》中记载，清顺治十七年（1660 年）大错和尚实地调查统计："大约山距三州之胜，峰秀数郡之间，大寺八，小寺三十有四，庵院六十有五，静室一百七十余所，其间幽洞危崖，奇峰怪石，曲涧清泉，不可名数。"之后大错和尚编纂的《鸡足山志》毁于兵燹。后康熙三十一年（1692 年），云贵总督范承勋整理徐霞客《鸡足山志》的提纲和大错和尚《鸡足山志》的残本，补充了部分内容纂修了第三部《鸡足山志》并刻版印刷。因此，范《鸡足山志》多有遵循和反映大错《鸡足山志》内容。但是整理并统计范《鸡足山志》寺庵数量，却有 43 座寺院。数量和大错《鸡足山志》所载的巅峰时期 42 座寺院有出入，查找之后版本山志、文献等相关资料和研究成果，未见有学者对其进行详细且确切的研究和梳理，由此本节将通过范《鸡足山志》、明代游记和碑文等古代文献资料考析大错《鸡足山志》的 42 寺院，以期厘清数额史实，明确研究对象，为下文做好准备。

4.3.2 金顶寺为出入之因由

范《鸡足山志》成书时间是清康熙三十一年，大错《鸡足山志》成书时间是清顺治十七年，由此，范《鸡足山志》与大错《鸡足山志》相隔的这段时间中如有新建寺院，则可了知 42 寺详细所指。整理了范《鸡足山志》寺院建设年代，可确定建于清朝之前的寺院共有 41 座，不确定寺院具体建设年代的为 2 座，即牟尼寺和金顶寺（详见附表 4–8）。

范《鸡足山志・寺上》载："牟尼寺，在牟尼山去鸡足六十里，谢抚院买山为僧释禅建，中有塔。"查找范《鸡足山志・人物》未见关于谢抚院的记载。但在范《鸡足山志・人物》高僧篇中记载释禅为明代禅僧，号本无，博学有道行，宪副冯时可择鸡足山胜处为其建息阴轩，之后丽江土知府木增复延建悉檀寺并开牟尼山。范《鸡足山志・寺上》载，息阴轩在观音寺之南，宪副冯时可为僧释禅建，崇祯十三年丽江府知府木懿重修。

从三段记载中可看出，明代禅僧释禅博学有道行，谢抚院为其建牟尼寺，宪副冯时可为其建庵院息阴轩。可看出释禅在牟尼寺和息阴轩建设时期的地位和闻名程度，由此也可猜测出牟尼寺和息阴轩建寺的时间不会相距很长。而息阴轩始建于明代万历年间，崇祯年间木懿对其重修过。由此推之，牟尼寺的兴建应该也在明末时期，或至少在明代，正是因为建于范《鸡足山志》成书之前的朝代，所以对牟尼寺的创建年代不可考属情理中。

对于金顶寺，范《鸡足山志·寺上》载，明弘治年间有僧在其址处建庵，也是最早有关于金顶寺的寺庵记载。明嘉靖年李元阳建普光殿，万历年潘浚建观风阁，天启年朱泰祯建天长阁。崇祯年张凤翮建善雨亭筑罗城，又在其上建立四观楼，后涂必泓又建景星亭，同朝年间沐天波又将云南省城太和宫的金殿移过来。明朝这段时期虽然建了很多殿、阁、楼、亭，但是却没有明确说明其为金顶寺。到了清朝顺治甲午（清顺治十一年），山中耆宿与僧自玉重修殿宇，并将观音阁改建为佛殿，废天长阁为伽蓝殿，废阿难殿为藏经阁，废善雨亭为卧龙轩，废景星亭为碑亭。

可见，到了清顺治时期，虽没明确为金顶寺，但是山顶楼阁、殿宇等建筑均改成寺院建筑，已有了寺的痕迹。到了清康熙三十一年，即范《鸡足山志》成书年，范承勋与诺穆图重建天一阁；僧慧酩、福峙与土官高奣映之子映厚重修殿庑、过道、山门。可看出这一时期已有寺的形制。

然而金顶寺究竟是否位列大错和尚的“小寺三十有四”之中呢？从上段文字记载推断，以其明至清初建筑规模之全面，有殿、有阁、有楼、有亭，又位于鸡足山最主要的风景点即山之顶端，那么如果包含在大错统计的 42 寺之内，也应该位于“大寺有八”之列，而不应该属于“小寺三十有四”之中，但是八大寺已有专家学者研究确定为石钟寺、迦叶殿、放光寺、传衣寺、华严寺、寂光寺、大觉寺和悉檀寺。由此，笔者大胆推测，明末清初鸡足山鼎盛时期的 42 寺未含金顶寺。

《鸡足山指掌图记》以游记形式展现了大错和尚游览鸡足之胜，并记录大错和尚所到之处的寺庵名称及大概位置。大错和尚记录四观峰顶有罗城，城内有金殿，殿后有佛殿，最后为天一阁，又描绘了于山顶望雪山之莹白如银，点苍洱海之近若咫尺等景色。却未出现金顶寺的记录，取而代之的为罗城和金殿。在《鸡足山指掌图》中，大错和尚也未在山顶注明金顶寺，只写了金殿两字；图中可看到山顶有城墙围绕（见图 4–1）。由此可知，大错和尚纂志时期，山顶存在的建筑组合叫做罗城，有观景、供信仰者朝拜的功能，还未易名为金顶寺。

为了进一步证实这一结论，笔者又查找了明代与金顶相关的记载。如明崇祯十四年（1641 年），钦差镇守云南总兵官征南将军太子太傅黔国公沐启元撰《鸡足山起建金顶殿宇常住碑记》，其中记载了从万历四十七年（1619 年）至崇祯十四年（1641 年）间鸡足山建天长阁、筑罗城、铸金佛、太和宫金殿西移鸡足山等事件，其中只字未提金顶寺，而是描述：鸡足山之顶金色宝殿巍然城中。“巍然城中”又一次印证了罗城的存在，并未易名金顶寺。另外，早于大错《鸡足山志》之前的徐《鸡足山志》，虽现仅有志目留存，但从其《鸡足山志目》卷五记载有“绝顶罗城”之语，可见绝顶为罗城，与这一支脉刹宇分开章节记录。徐《鸡足山志》内容虽早已毁于兵燹，但是遗留了多篇游记，记录了其游鸡足山时寺庵之盛况。

据徐霞客《滇游日记五》明崇祯十一年（1638 年）游鸡足山登顶描述："入门即迦叶殿。此旧土主庙基也，旧迦叶殿在山半。岁丁丑，张按君谓绝顶不可不奉迦叶，遂捐资建此，而移土主于殿左。其前之天长阁，则天启七年海盐朱按君所建。后有观风台，亦阁也，为天启初年广东潘按君所建，今易名多宝楼。后又有善雨亭，亦张按君所建，今貌其像于中。后西川倪按君易名西脚蘧庐，语意大含讥讽。殿亭四围，筑城环之，复四面架楼为门：南曰云观，指云南县昔有彩云之异也；东曰日观，则泰山日观之义；北曰雪观，指丽江府雪山也；西曰海观，则苍山、洱海所在也。张君于万山绝顶兴此巨役，而沐府亦伺其意，移中和山铜殿运致之，盖以和在省城东，而铜乃西方之属，能克木，故去彼移此。"徐霞客详细描述了鸡足山顶之情况和功能，筑罗城，四面架楼为门，南曰云观，东曰日观，北曰雪观，西曰海观，以观景赏景为主。

由此可见，多处资料可验证笔者的猜测，鸡足山鼎盛时期的"大寺八，小寺三十有四"共 42 座寺院，应未包含金顶寺。而未将其纳入 42 寺中的原因，是因山顶景观之胜，筑罗城以发挥其山顶之赏景和朝拜功能，以强调和突显"绝顶罗城"的重要性。

图 4-1 鸡足山指掌图中罗城示意图

4.3.3 "大寺八、小寺三十有四"之确定

明末清初鸡足山寺庵建设达到了"大寺八，小寺三十有四"共42座寺院的鼎盛时期，其中"大寺八"为石钟寺、迦叶殿、放光寺、传衣寺、华严寺、寂光寺、大觉寺和悉檀寺。"小寺三十有四"

为圣峰寺、龙华寺、西竺寺、千佛寺、接待寺、首传寺、兰陀寺、传灯寺、西来寺、碧云寺、白云寺、祝国寺、观音寺、迎祥寺、圆通寺、隆祥寺、燃灯寺、法明寺、报恩寺、九莲寺、雷音寺、三摩寺、白鹿寺、翔龙寺、广恩寺、大圣寺、觉灵寺、罗汉寺、拈花寺、威音寺、怀恩寺、慈圣寺、牟尼寺、吉祥寺（详见表 4–1）。其中不包括范《鸡足山志》记载的金顶寺，大错和尚考察时期，山顶筑罗城以观山之胜概。虽有寺之建筑与功能，但因山顶风厉，冬春之间，积雪不消，不适合居住，因此并未将金顶寺纳入 42 寺之中，而以罗城的形式单独记载于志中，以强调罗城（即后易名金顶寺）的重要性。

表 4–1 代表性佛寺建设情况一览表

大寺八	小寺三十有四	庵院六十有五	静室一百七十余所
迦叶殿、寂光寺、石钟寺、华严寺、传衣寺、大觉寺、悉檀寺、放光寺	圣峰寺、龙华寺、西竺寺千佛寺、接待寺、首传寺兰陀寺、传灯寺、西来寺碧云寺、白云寺、祝国寺观音寺、迎祥寺、圆通寺隆祥寺、燃灯寺、法明寺报恩寺、九莲寺、雷音寺三摩寺、白鹿寺、翔龙寺广恩寺、大圣寺、觉灵寺罗汉寺、拈花寺、威音寺怀恩寺、慈圣寺、牟尼寺吉祥寺	补处庵、幻住庵、尊胜塔院、弥勒院、片云居、白云居、古雪斋、罔措斋、息阴轩、菩提场、圆净庵、法界庵、五华庵、无我庵、龙泉庵、大乘庵、大士庵、大智庵、净觉庵、极乐庵、宝莲庵、万寿庵、卿云庵、牟尼庵、法华庵、灵源庵、妙觉庵、天竺庵、慧灵庵、云海庵、无住庵、凌霄庵、慧灯庵、海会庵、积行庵、水月庵、昙花庵、净云庵、圆通庵、弥陀庵、万松庵、般若庵、慈云庵、开化庵、云溪庵、白石庵、金华庵、伏虎庵、曹溪庵、功德庵、藏头庵、兜率庵、观音庵、宝藏庵、圆觉庵、瀑布庵、净土庵、慈圣庵、大力庵、水露庵、奉真庵、盘龙庵、狮子庵、东坞庵、继周庵	罗汉壁静室 49 处旃檀林静室 13 处狮子林静室 42 处九重崖静室 15 处诸庵院静室 52 处

4.4 鸡足山寺庵发展兴盛因由

4.4.1 朝廷倡禅佛，赐经置梵刹

纵观鸡足山寺庵发展历史脉络，其于明朝时期形成并得到显著发展，到明末清初年间达到鼎盛并发展成熟，康熙之后整体呈衰弱之势，虽偶有复兴，但最终也未能再现昔日之盛况。其兴盛因由主要为国家朝廷之庇护与扶持。

明朝自太祖朱元璋起便设立宗教管理机构，选任僧官。洪武三年明军攻云南，次年下大理，荡山寺僧无极就被任命为僧官。到明万历时期，中央政府仍在大理府设置僧纲司，据《云南通

志·寺观志》记载，其驻所在普宁寺，共辖57座佛寺1座庵院。并且据记载，僧官在云南各府所管辖的寺观中以大理地区为最多。万历皇帝认为：“惟佛氏之教，具在经典，用以化导善类，觉悟群迷，于护国佑民，不为无助。”不仅皇帝倡导以佛法化导善类、护国佑民，太后也崇佛尚佛、广建佛寺，如《明史》载孝定李太后在京师内外建置梵刹，动费巨万；清康熙年间朱彝尊又云：“成化中，京城内外敕赐寺观已至六百三十九所，见周尚书洪谟奏疏中。王宫保廷相诗云：西山三百七十寺，正德年中内臣作。则所建可类推矣。万历初，孝定皇太后营愈众……”朝廷支持，京城如此，西南地区亦受其影响。

鸡足山作为佛教圣地风气更甚，受皇室的青睐，明永乐、正统年间即敕赐大少林寺僧了通、了晓重建鸡足山石钟寺；嘉靖敕寂光寺谕旨，其中不仅肯定了鸡足山之正法道场、迦维震旦、用披胜迹，并敕赐额“寂光”，以朝廷政府的力量护持法场，同时规范山中寺庵及僧众戒律，“其余在山七寺，及大小七十余所丛林，尘尘刹刹，法法如如，三乘经禅，宜遵参学，一切僧行，务守威仪，共饮佛光，各持道力。息十五国干戈之气，酬三百年水土之恩，正域弘恢，大猷允济，护兹法宝，常住奉行。”鸡足山在名山中的地位得到了肯定和重视。万历年间慈圣皇太后，自捐内帑银两，造佛经二十余部，散施各省名山寺院，延请课诵，同时特派专人、特送藏典于鸡足山。由此可见，虽鸡足山地处西南边陲，但朝廷不远万里、钦赐藏典，其地位已相当重要。

据统计鸡足山于嘉靖至万历间建七大寺，并敕赐华严寺藏经两部、放光寺藏经一部、大觉寺藏经一部、悉檀寺藏经一部，传衣寺、寂光寺、石钟寺也分别祈请藏经一部（详见附表4–9）。不仅有御赐藏经，还有袈裟衣钵赐予。如清初顺治年，明永历帝逃到云南，给寂光寺赐名为护国兴明禅寺，颁赐大觉寺僧周壁紫衣；赐悉檀寺僧本无紫衣，两次赐华严寺僧如满紫衣圆领。除有所赐之物，寺院的条编杂赋也相应得到豁免，如晋王李定国曾上鸡足山进香，给悉檀寺写下了不许苛捐杂派和官兵滋扰的手谕。

综上所述，鸡足山在明朝至清朝初年，寺庵建设蓬勃发展，主要原因当归于朝廷的支持与护佑，鸡足山也因此奠定了佛教名山的重要地位。

4.4.2 名山隐名贤，荟萃彰人文

皇室和朝廷如此重视和庇护，地方大小官员和士绅争相效仿，有的捐钱建寺，悟道修心，护持名山道场；有的题匾赋诗，刻碑记胜，促进鸡足名山之宣传；有的著书立说，修志补史。如万历时御史孙愈贤创建金顶光明宝塔，丽江土知府木增兴建悉檀寺；正德年间永胜土官高世

兴建铜瓦殿；崇祯时黔国公沐天波在金顶移置金殿。

巡抚、知府、翰林、进士等捐资题匾的不胜枚举，如洪武翰林程立本因久仰鸡足山盛名多次到山游观，并留鸡足山石钟寺，辑数年所著诗文，名曰《巽隐集》，并将寺左廊曲室命名为巽隐轩；嘉靖进士罗汝芳，官至云南督学兼督粮参政，万历年间与李元阳同游鸡足山，诗词联赋，辉映庵寺，卸任归家后，其对鸡足山情意拳拳，难以释怀，令次子送藏经于寂光寺；明正德六年的状元杨升庵被流放云南后，常与李元阳等文人游鸡足山，饱览佳山秀水，广采博收，做《鸡山诗文》一帙，共 87 页，并应李元阳之请，为宾苍阁撰书楹联。李元阳在地方士绅中当属建寺较多的，据高奣映《鸡足山志》载："李字仁甫，号中溪，太和人，嘉靖丙戌进士，授庶吉士。诏出翰林习吏事，乃知江阴县，召为御史，遇事敢言，当世推重。……寻解组归，家居四十余年，精研理学。思少时曾于鸡山读书，遂多入山熏修禅定，创修普光殿、放光寺、传衣寺、龙华寺、宾苍阁、接待寺、大士庵、净云庵、观音庵、传灯寺、千佛阁、雷音寺，皆公捐资置田创建。"李元阳捐资修建寺、庵、殿、阁达十余所，可谓"撰文立碑者，鸡足之盛，惟公为首"。可见，明鸡足之盛，李元阳功不可没。

在鸡足山建寺功绩斐然的还有丽江第十九代土知府木增，字长卿，文武双全，万历四十三年游鸡足山，出资修华严寺藏经阁，遂有祝国大建梵刹之志；又于四十五年，向朝廷奏准在鸡足山建寺，复至山出黄金万两修建悉檀寺，并在寺内建万寿殿，以表祝国诚信；两次命遣僧人入京请藏，获天启皇帝御赐祝国悉檀寺。崇祯年间，木增又于悉檀寺山门内建圣旨坊，在大殿右侧建法云阁藏经，为悉檀寺定立寺规，使其成为山中丛林楷模。于崇祯二年，再至鸡山，修一纳轩、碧云山房；十一年，在文笔山建尊胜塔院；十二年，请下榻于悉檀寺的文学家徐霞客修《鸡足山志》，等等。木增不仅耗资建寺修志，还翻刻诗文书籍，为鸡足山的宣传和文化传播贡献了不可小觑的力量，可见木增眼光之长远，格局之广大。

说到山志的修撰，不可不提地理学家、旅行家和文学家徐霞客。其自幼博览群书，知识渊博，后不满朝廷腐败、宦官专权，遂辞官寄情山水、周游各地。崇祯九年，49 岁的徐霞客以鸡足山为目标开始了西南地区的地理考察之行，同行还有静闻和尚。为完成其友静闻埋骨鸡足山之遗愿，徐霞客用木匣装置其骨灰，背负入山，至悉檀寺。其住山约一个月，对鸡足山地貌、山脉、水文、气候、物产、人物、寺庵、静室等做了详细考察记录，受木增之请撰写了首部《鸡足山志》，为鸡足山留下了弥足珍贵的历史文献，并为鸡足山名扬天下起到了举足轻重的作用。另外，担任云贵总督的范承勋也捐资修建天一阁，并应山中僧人之请重修《鸡足山志》，历时半年多成稿十卷，并刊行于世，成为流传最广、影响最大的一部山志。为鸡足山作出贡献的官绅明贤，还有云南姚安知府李贽、嘉靖工部主事周复俊、隆庆进士冯时可、万历进士兼武昌兵备道陶珽等。

鸡足山寺庵建设发展不仅得益于官绅名士的鼎力赞助和支持，还要归功于山上诸位高僧大德的奋力营建，如嘉靖僧圆庆募集邓川官员等营建迦叶殿；少林寺僧了通、了晓重建石钟寺；僧木贴同苏鹏程等建寂光寺；僧净月开建圣峰寺，并掘地得碑，碑上刻有迦叶入定时八明王歌颂佛于此地，古称明歌坪云，使鸡足山为迦叶入定之处更加深入人心（详见附表 4-10）。

鸡足山开山以来，高僧辈出，如宋代的慈济，元代的源空、普通、本源，明代禅僧大错、宗玙、净月、周理、担当、宝庵、彻庸、性玄、释禅等，据范志记载明代禅僧共 49 人。僧众尤其是得道高僧有的到内地讲经，有的著作行于世，他们积极弘扬佛法使鸡足山声誉日隆，吸引着广大的信徒和游客；另外明代静修风气盛行，僧众通常遍访名山，礼参大德，隐山静修。这不仅使山上庵院、静室不断增多，同时也扩大了鸡足山佛教的影响力，使人潮不断涌入，大量田产、财富等不断向山中寺庵聚集，不仅增强了寺庵经济实力，更加维持了山上寺庵的建设。其中贡献最大的当属大错和尚，其与山中高僧无尽、眼藏、仙陀等聚居文笔山西北片云居，每日攀危崖，登险峰，伐山窥穴，即使樵夫、牧人绝迹之巅，猿猱却步之处，也穷讨冥搜，把笔记胜，并网罗散失轶闻，搜集文人诗作，讨论精选，历时半年完成山志十卷。这是继徐霞客《鸡足山志》后又一部内容更加充实、体例完备、撰述严谨、文采斐然的山志。

早期的如元代普通法师，幼入鸡足山出家，遍历讲席，后归鸡足山志兴禅宗，结庵参禅，并建安定寺。被誉为“云中一鹤”的著名诗书画家担当，隐居于鸡足山宝莲庵的罔措斋，息静参禅，深研佛理，他的诗、书、画冠绝南天，其题材主要围绕鸡足山，并把佛法之空灵、禅机融入其中，线条简练、师法自然、风韵飘逸。总之，诸位高僧大德努力建寺、精研佛理、积极弘法促进了鸡足山寺庵的发展和声名的传播。

4.4.3 士人尚逃禅，归隐入山林

鸡足山踞滇西迤，位居国土之边缘，远离中央之朝廷，但是明末之际佛教却尤为兴盛，其中原因，除了朝廷器重之外，与明清易代之际士人遗民逃禅之风不无关系。在元明、明清王朝更替之时，在其统治地区出现了大批故元故明遗民，他们有的归隐山林，有的周游天下。

郭朋在《明清佛教》中有谈及明代诸帝多数佞佛，同时明代文人学士也以参禅礼佛为尚。后到南明永历之变以及吴三桂之败，不少遗民以逃禅为其保持气节的方式。对于这种现象，陈垣先生认为，人当得意之时，不一定感觉到宗教有多可贵，但是当陷入困苦，并处于颠沛流离之际，就会思考超越于现实境遇的乐土，这种乐土即是宗教予以心灵上之安慰。

北京大学赵园认为“明遗民之逃禅，固然有明代帝王、王朝政治与佛教的关系为背景，却更有明代学术、士风之为背景，这也是士人赖以选择的大语境，学术文化的大环境。……”“隐逸传统”不但提供了士在仕之外的另一种选择，“明清之际”这种特殊历史情境中的士的姿态，关联着士的全部历史。正如无宁所说：“‘遗’是士的存在方式，是士之为士的一种证明。”士大夫们因“遗”而逸，“以亲鱼鸟、乐林泉归之，性分所至，非可矫饰为也”。由此可见，在明清易代之际，逃禅是一种时代趋势，是一种必然，也正因为如此诸名山隐逸者、修禅者众多，鸡足山优越的地理位置吸引逃禅之士深研儒学释理。忽而儒忽而释，亦而儒亦而释，别有一种洒脱自在。

明末志士隐居鸡足山最著名的当属大错和尚。其俗名钱邦芑，曾担任南明桂王授任监察御史，清兵入川时永历帝任命他为贵州总兵。其因反对孙可望的专制险些被杀，后带部下 11 人削发为僧，明亡后入鸡足山。大错和尚惊叹鸡足山的奇险幽秀，攀崖窥穴数十天，绘制《鸡足山指掌图》，并写了《鸡足山指掌图记》。后大错和尚又应澜沧兵备道曹延生和众僧的请求，编写了继徐霞客之后的第二部《鸡足山志》。这部山志虽散佚了，但图和记以及许多诗文得以保留，成为今人研究明清鸡足山寺庵的重要参考史料。

另有名僧担当和尚，俗姓唐，名泰，云南晋宁人。其家世代书香，自幼颖悟，13 岁补博士弟子员，工诗能文。天启年间去北京考试，落第后寻师访友，广采博纳，钻研诗书画。明亡后到水目山受戒，后隐居鸡足山宝莲庵，建罔措园，息静参禅，深研佛理，一年阅藏，十年面壁，高卧山中，挥毫自如。他的诗、书、画融入了佛家的空灵、禅机，并以鸡足山为题材，有“三绝”的称誉，为鸡足山增添了光彩。如此隐逸之人还有明代著名白族文学家、诗人、书法家杨黼，他隐居不仕，曾寮居家中桂树上，精研佛学，经年读书不辍。后隐居鸡足山罗汉壁崖洞 20 年，后此洞被称为杨黼洞。为鸡足山寺庵建设贡献最大的李元阳为人耿直，看不惯官场腐败，因议礼忤权臣而遭到打击排斥，40 岁愤然弃官返回大理，寄情鸡足山水，常与山中僧侣、士大夫吟诗酬唱。如此士人不一一列举，但却如高志中所描述的：“域中士大夫无不谈禅，无不佞佛作礼，案置经轴，沾沾然若净界可攀，而真果可结。然而高旷者借为浮游，不类者窜为窝窟，极滋味，营货利，溺美丽，贪恋鸡肋，争斗蜗角，尚曰，我白莲舍人，青莲居士，岂不乖谬？若如公之百行能全，一切不染，综彻五明，专心玄寄，真所谓宿根再来也。”

文化有其史，诗亦有其史，不因明亡而文化亡、诗亡；非但不亡，而且正当此际，呼唤文化复兴：其中不但有信念，而且有反抗命运的意志。活在那个严酷的时代，有识之士力求超越历史限囿，超脱时代氛围，以逃禅之式，走出死境，再造文化盛期，由此也成全了鸡足山文化之兴盛。

4.4.4 汉族“移民”猛增，白族“遗民”妥协

鸡足山繁荣的不可忽略之原因还有云南居民中汉族人口的猛增和白族的变化。古时云南居民是被称为“蛮”的少数民族，战国时楚将庄蹻入滇以来，来到云南的汉族须融入少数民族。南诏、大理国割据统治大理及云南五六百年，白族更是处于优越地位，相较于白族，汉族则处于相对卑微的从属状态。同时，这段时期大乘佛教还没有在大理广泛传播。直到元代，云南成为行省，开始有外来移民涌入，尤其到明初，三次大移民先后迁入汉族250万户，从此人口比例发生了根本性的变化。与此同时，一直处于大理地区主流地位的阿吒力教顿时衰落，内地佛教禅宗开始向洱海地区广泛传播与发展，这一转变促进了鸡足山佛教的传播与发展。

明朝初年，明军在攻破大理时，激烈的战斗导致不少佛寺都受到了严重破坏，古代佛教经籍大都被毁，僧众流离失所。与此境遇相同的还有大理段氏白族遗民，他们意识到在强大的明军面前，公开反抗只有死路一条，恢复大理段氏政权也处于无望之势。与此同时，大量的汉族移民涌入大理，安家立业。相比之下白族遗民与阿吒力教寺僧颠沛流离、无家可归，正是在这种境遇下，无论是段氏白族遗民还是阿吒力教寺僧都急需一个安全避世、明哲保身的地方，鸡足山恰恰地处大理，又具雄、幽、奇、险等适合隐遁修行的自然条件，自然成了其避世修行的落脚处。由此，这种特殊的“移民”和“遗民”历史原因，也间接促进了鸡足山的发展和繁荣。

4.4.5 迦叶彰鸡足，山水显灵奇

鸡足山远踞滇西，去中原绝远，却不阻慕道之人、隐修之士跨越河山艰险、远途跋涉来此，得益于鸡足山自然景色之胜与迦叶尊者道场之圣名。

自从迦叶尊者入定鸡足山之说得到认可后，鸡足山声名远播，不断吸引宇内信徒慕名来山朝圣，如明徐霞客仰慕鸡足山之胜，特意以鸡足山为目的地，来滇一路考察一路遍览滇之山水，当其上天柱峰绝顶，纵目四望，面对鸡足山胜概不禁惊叹：“东日、西海、北雪、南云，四者之中，海内得其一，已为奇绝，而鸡足一顶，已萃天下之四观，此不特首鸡足，实首海内矣。”遂而激情满怀，文思泉涌，写下了流传千古的《绝顶四观》诗五首，从此天柱峰也被称为四观峰。明程本立初至鸡足山，也慨叹曰：“此日得见真山水，天地之灵气泄尽于此矣！”“辞鸡足山半日，而生平尘嚣顿洗。”可见鸡足山因景而灵奇。

更奇者当属木增，其初未莅政，游鸡足山，就有山水佳乐、何以官为的感叹。被鸡足山胜景所打动者众多，从其登山览胜的诗文中即可看出，凡来此之人皆被山之胜景和磅礴之气所震

撼。其超越宇内的奇峰幽壑、川月溪泉、悬虹飞瀑、古木名花，让名流圣贤赞美传颂，并使鸡足山的胜景为世人所知。

鸡足山的自然景观兼有泰山之雄、华山之险、黄山之奇，峨眉之秀，是一座集雄、险、奇、秀四大美学特色于一身之奇山。其雄表现在山之“九千四百丈高，周围四百里”，前临洱海，后靠金沙江，山势顶耸西北，尾掉东南，前列三峰、后拖一岭，山势雄伟，宛然鸡足之形。鸡足山特殊的地质构造构成了危崖陡壁、石洞石门和重峦叠嶂。自华首门到罗汉壁、九重岩、文笔山一线，有长几千米高约千米的陡崖峭壁，怪石嶙峋。其上又有舍身崖、猢狲梯、束身峡等许多绝壁险道，狭处只容一人侧身通过，陡处落手投足，支膝抵胸，始得进步，堪叹为天险。除此之外，鸡足山仍有绝顶四观、天柱佛光等灵奇景观。鸡足山古树名木松荫幽映、蓊蓊郁郁，清风徐来、音韵悠悠，如丝竹清音，无不表现出山之秀与幽。

4.5 本章小结

鸡足山是摩诃迦叶道场，摩诃迦叶为释迦牟尼大弟子。释迦牟尼在灵山会上拈花示众，以心传心于迦叶，并当众宣布将正法眼藏、涅槃妙心付属摩诃迦叶。这是佛祖首次也是唯一一次以心法传宗，摩诃迦叶心领神会，顿悟正觉。释迦牟尼涅槃前又把衣钵授予摩诃迦叶，并嘱其待弥勒佛降临后以传付。此举证明摩诃迦叶得到佛祖心法正宗。释迦牟尼涅槃后，作为大弟子的摩诃迦叶开始主持整理经、律、论三藏佛教经典的结集工作，遂而流传于世。综上可见，摩诃迦叶在佛教中的重要性是不言而喻的。

本章进一步通过对佛经、地方志、鸡足山志等古籍资料的研究印证，滇之鸡足名山形成时间当为明洪武十七年至永乐年间，因白族史书《白古通记》而奠定了鸡足山在佛教界的地位，并受相关历史背景、地理形势、古邦佛国和宗教思维方式等方面影响，遂成为迦叶道场之佛教名山。

通过对各个版本《鸡足山志》记载的寺庵建设情况进行梳理可以看出，鸡足山寺庵的发展历史大致可以分为六个主要时期。

（1）唐代云南南诏时期山上开始有庵和出家僧人的痕迹，宋代云南大理国时期有佛教密宗在此传习。

（2）元代云南成为中央行省，这一历史转变使中原禅宗流入鸡足山，开启了鸡足山上佛教寺庵的建设。

（3）明代鸡足山成为佛教界公认的迦叶尊者守衣入定处，奠定了禅宗主流地位，并得到朝廷的支持和庇护，受赐多部藏经。中原内地禅僧纷纷赴滇中鸡足山朝拜、建寺立庵，一时间高僧达官、硕儒名流竞相来山朝拜、著书立说，使山中高僧大德辈出、寺宇林立，盛况空前，鸡足山佛教与寺庵建设步入了兴盛时期。

（4）到清朝初年鸡足山寺庵形成了“大寺八、小寺三十有四、庵院六十有五，静室一百七十余所”，山冈坡岭、林间溪畔布满了大大小小的寺、庵、殿、阁、精舍、静室等，呈鼎盛局面。到康熙年间鸡足山依然兴旺，寺庵建设主要以重修和重建为主，鸡足山寺庵建设进入了成熟稳定时期。清中后期则由于朝廷、官府对佛教支持式微，又因山上派系林立、僧人腐化堕落，大多寺庵圮废。

（5）民国时期虽得到虚云和尚和诸多文人学者的共同建设，创造了短暂的辉煌，但是寺僧内部争斗却日益激烈恶化，从而导致寺僧流失，寺庵陆续圮废。民国末年大小寺庵仅剩 31 座，衰落极甚。

（6）中华人民共和国成立后，鸡足山寺庵在人民政府的支持下得到修缮，僧尼自食其力，宗教活动正常开展。“文化大革命”期间鸡足山大部分寺庵遭到破坏。十一届三中全会后，大部分寺庵恢复重建。

据明代大错和尚《鸡足山指掌图记》载，鸡足山鼎盛时期寺庵达到“大寺八、小寺三十有四”即 42 座寺院；而清代范承勋《鸡足山志》却记载了 43 座寺院。通过明代游记和碑文等古籍资料考析，确定金顶寺于鼎盛时期为“绝顶罗城”，发挥祭拜和赏景功能，继而确定 42 寺中“大寺八”为石钟寺、迦叶殿、放光寺、传衣寺、华严寺、寂光寺、大觉寺和悉檀寺。“小寺三十有四”为圣峰寺、龙华寺、西竺寺、千佛寺、接待寺、首传寺、兰陀寺、传灯寺、西来寺、碧云寺、白云寺、祝国寺、观音寺、迎祥寺、圆通寺、隆祥寺、燃灯寺、法明寺、报恩寺、九莲寺、雷音寺、三摩寺、白鹿寺、翔龙寺、广恩寺、大圣寺、觉灵寺、罗汉寺、拈花寺、威音寺、怀恩寺、慈圣寺、牟尼寺、吉祥寺。

第5章 鸡足山寺庵空间理法研究

- 鸡足山寺庵分布研究
- 相地为先，择址为要
- 总体布局：一城八寺，三界三境
- 巧于因借，得景意匠
- 植物营构
- 园林文化
- 八寺解析
- 本章小结

5.1 鸡足山寺庵分布研究

5.1.1 现状寺庵调查情况分析

明末清初，鸡足山寺、庵、静室遍布，据清顺治大错和尚《鸡山指掌图》记载有：“大寺八，小寺三十有四，庵院六十有五，静室一百七十余所。”到清康熙范承勋《鸡足山志》将最高山天柱山顶罗城改称为金顶寺，共载有四十三寺；另于沙址村新建庵院两座，即祇园庵、永胜庵，共六十七庵院，静室一百七十一所。康熙时期之后鸡足山佛教开始衰落，山中寺庵虽部分得到维修，但大多倾圮，据《虚云年谱》记载，到清朝末年全山不足十寺，昔日的辉煌已不复存在，而今只能从古籍资料和历史遗址中去探查当初的盛况。

鸡足山莽莽苍苍，崇山峻岭中，地貌丰富，类型多样，有文笔、象鼻、满月等40余座奇山；有天柱、凤头、翠屏等13座险峰；有罗汉壁、舍身崖、屏风岩等34座危壁；有传经洞、华藏洞、杨黼洞等45处崖窟，还有乌龙潭、洗心涧、玉龙瀑等泉潭100余处。两百余座寺、庵、静室遍布全山的冈、岭、壑、涧、林、谷、峡、石、窟中，无处不奇，无一不妙。

根据笔者实地踏勘调查现状寺庵共43处，其中寺院22处，庵院21处（详见表5–1）。部分寺庵已由政府和僧众组织恢复重建，如五华庵、西竺寺、放光寺、衡阳庵、碧云寺、迎祥寺、九莲寺、三摩寺、金顶寺、传灯寺、迦叶殿、慧灯庵、弥勒院、圣峰寺、报恩寺、牟尼庵、尊胜塔院、石钟寺共18所，含寺院12所，庵院6所。调查其余寺庵如寂光寺、悉檀寺、灵源庵、龙华寺、极乐庵等25所均为遗址，部分寺庵如圆净庵、华严寺、曹溪庵等古木墙垣仍依稀可见，可从中窥探当初寺庵之规模。

同时又现场踏查了26处与寺庵相关的景观点，如桥、坊、塔、古树、石洞等，作为下一步深入的参考依据和线索（详见表5–2）。

表5–1 实地调查寺庵位置情况一览表

名称	高程 /m	建设现状	现名	现状图片
五华庵	2274	已重建		图5–1
寂光寺	2430	遗址		图5–2
悉檀寺	2240	遗址		图5–3
圆净庵	2345	遗址		图5–4

续表

名称	高程/m	建设现状	现名	现状图片
石钟寺	2312	部分重建		图 5-5
西竺寺	2313	部分重建	兴云寺	图 5-6
万寿庵	2316	已重建		图 5-7
大觉寺	2321	已重建	虚云禅寺	图 5-8
放光寺	2695	部分重建		图 5-9
衡阳庵	2518	已重建		图 5-10
祝国寺	2471	遗址		图 5-11
华严寺	2457	遗址		图 5-12
云海庵	2422	遗址		图 5-13
碧云寺	2370	已重建		图 5-14
千佛寺	2354	遗址	斗姥寺	图 5-15
灵源庵	2339	遗址	法云寺	图 5-16
龙华寺	2330	遗址		图 5-17
极乐庵	2333	遗址		图 5-18
大智庵	2323	遗址		图 5-19
迎祥寺	2159	已重建	祝圣寺	图 5-20
雷音寺	2152	遗址		图 5-21
昙花庵	2142	遗址	八角庵	图 5-22
传衣寺	2140	遗址		图 5-23
开化庵	2019	遗址		图 5-24
九莲寺	1900	已重建		图 5-25

续表

名称	高程 /m	建设现状	现名	现状图片
三摩寺	1961	建设中	大士阁	图 5–26
金顶寺	3223	已重建		图 5–27
曹溪庵	3145	遗址		图 5–28
功德庵	3081	遗址	曹溪寺	图 5–29
传灯寺	3115	已重建		图 5–30
兜率庵	3042	遗址		图 5–31
迦叶殿	2932	已重建		图 5–32
慧灯庵	2793	已重建		图 5–33
弥勒院	2737	已重建		图 5–34
圣峰寺	2579	部分重建		图 5–35
水月庵	2450	遗址		图 5–36
补处庵	2458	遗址		图 5–37
兰陀寺	2470	遗址		图 5–38
报恩寺	1960	已重建		图 5–39
牟尼庵	2279	已重建		图 5–40
尊胜塔院	2273	部分重建		图 5–41
白云居	2345	遗址		图 5–42
伏虎庵	3164	遗址		图 5–43

注：共计寺庵 43 处，其中寺院 22 处，庵院 21 处。
来源：根据实地调查和（清）范承勋《鸡足山志》、（清）高奣映《鸡足山志》校对整理。

图 5-1 五华庵现状图片

图 5-2 寂光寺现状图片

图 5-3 悉檀寺现状图片

图 5-4 圆净庵现状图片

图 5-5 石钟寺现状图片

图 5-6 西竺寺现状图片

图 5-7 万寿庵现状图片

图 5-8 大觉寺现状图片

图 5-9 放光寺现状图片

图 5-10 衡阳庵现状图片

图 5-11 祝国寺现状图片

图 5-12 华严寺现状图片

图 5-13 云海庵现状图片

图 5-14 碧云寺现状图片

图 5-15 千佛寺现状图片

图 5-16 灵源庵现状图片

图 5-17 龙华寺现状图片

图 5-18 极乐庵现状图片

图 5-19 大智庵现状图片

图 5-20 迎祥寺现状图片

图 5-21 雷音寺现状图片

图 5-22 昙花庵现状图片

图 5-23 传衣寺现状图片

图 5-24 开化庵现状图片

图 5-25 九莲寺现状图片

图 5-26 三摩寺现状图片

图 5-27 金顶寺现状图片

图 5-28 曹溪庵现状图片

图 5-29 功德庵现状图片

图 5-30 传灯寺现状图片

图 5-31 兜率庵现状图片

图 5-32 迦叶殿现状图片

图 5-33 慧灯庵现状图片

图 5-34 弥勒院现状图片

图 5-35 圣峰寺现状图片

图 5-36 水月庵现状图片

图 5-37 补处庵现状图片

图 5-38 兰陀寺现状图片

图 5-39 报恩寺现状图片

图 5–40 牟尼庵现状图片

图 5–41 尊胜塔院现状图片

图 5–42 白云居现状图片

图 5–43 伏虎庵现状图片

表 5–2 实地调查寺庵相关景观点一览表

名称	坐标	高程 /m	主要朝向	情况介绍	备注
玉虹桥	N:25° 57.7309′ E:100° 22.9509′	2369	东北方向	大觉寺寺西，石桥，宽 2.67 m，长 17.8 m	现名灵涧桥，图 5–44 玉虹桥
万寿庵海会塔林	N:25° 57.7195′ E:100° 22.9173′	2390	东南 10°	在大觉寺西侧，长 70 m，宽 13.3 m	新建
石梁桥	N:25° 56.9155′ E:100° 23.8106′	1887	东西向	石板桥	
空心树	N:25° 57.6376′ E:100° 23.6496′	2216	东南 170°	也称静禅古树，直径 4.5 m，树洞高 3.5 m，中空内径 2.7 m	

续表

名称	坐标	高程 / m	主要朝向	情况介绍	备注
大觉寺山门牌坊	N:25° 57.7213′ E:100° 23.0150′	2364	东南 135°		
放光寺门口水池	N:25° 58.0634′ E:100° 21.4339′	2689			
放光寺内无相石	N:25° 58.6030′ E:100° 21.2640′	2733			
放光寺内金刚石	N:25° 58.6030′ E:100° 21.2598′	2730			
放光寺莲花石	N:25° 57.5821′ E:100° 21.1187′	2600	东南 150°	石中嵌室，石上打坐、览胜	图 5–45 放光寺莲花石 图 5–46 放光寺莲花石上部
灵山一会坊	N:25° 56.4696′ E:100° 23.5736′	1870	南	复建	图 5–47 灵山一会坊
大悲阁	N:25° 58.3396′ E:100° 21.5888′	3151	东南 150°	重建	图 5–48 大悲阁
天一阁	N:25° 58.4151′ E:100° 21.4429′	3222	南	遗址	图 5–49 天一阁遗址
放光寺盘陀石	N:25° 58.2317′ E:100° 21.3282′	2788	西南 200°	打坐、览胜	图 5–50 盘陀石
古佛洞	N:25° 58.4818′ E:100° 21.2264′	3168	东南 130°	洞内仍有禅僧闭关苦修	
静禅茅棚	N:25° 58.4678′ E:100° 21.2092′	3164	正东	东临伏虎庵	
静禅茅棚旁打坐石	N:25° 58.4587′ E:100° 21.1986′	3168	正南	可俯瞰放光寺塔林	
曹溪水	N:25° 58.4539′ E:100° 21.3330′	3135	正南		
八功德水	N:25° 58.3628′ E:100° 21.4465′	3067	西南 190°	周边寺庵取水处	
华首门	N:25° 58.3438′ E:100° 21.5547′	3110	西南 200°	传说是摩诃迦叶守佛陀衣钵入定处	图 5–51 华首门
华首门白塔	N:25° 58.3446′ E:100° 21.5334′	3105	正南	迦叶鸟聚集，成为华首门一景	
袈裟石	N:25° 58.3383′ E:100° 21.6200′	3125		传灯寺东，尊者晒袈裟之地，石头青石白筋，其纹缕缕，领褶俱全，宛然袈裟铺覆，由此得名。其上原有小阁为比丘栖禅之所	图 5–52 袈裟石

续表

名称	坐标	高程 /m	主要朝向	情况介绍	备注
古洞	N:25° 58.3660′ E:100° 21.7169	3005		有僧居住、修行	
真武洞	N:25° 58.3394′ E:100° 21.7192′	2984	正南	罗汉壁处	
杨黼洞	N:25° 58.3158′ E:100° 21.8186′	2993		罗汉壁处	
皇姑坟	N:25° 58.0131′ E:100° 23.0964′	2480	东南 155°	明代	
黑栎古树	N:25° 57.9266′ E:100° 23.1237′	2458		石钟寺旁，周长 2.98 m	

注：共计 26 处。
来源：根据调查整理得出。

图 5-44 玉虹桥现状图片

图 5-45 放光寺莲花石图片

图 5-46 放光寺莲花石上部

图 5-47 灵山一会坊

图 5-48 大悲阁现状图片

图 5-49 天一阁遗址

图 5-50 盘陀石顶部

图 5-51 华首门

图 5-52 袈裟石

5.1.2 总体寺庵位置分布情况

笔者以实地调查寺庵位置及地形测绘图为基准，整理现存两个版本《鸡足山志》对明清共建的四十三寺、六十七庵院、一百七十一静室位置描述，以初步定位各个寺庵、静室的分布位置，再进一步细读《山志》、明清游记以及参考大错和尚《鸡足山指掌图》（图 5-53、图 5-54、

图 5-55、图 5-56）中部分寺庵位置描绘和记录，对寺庵的位置分布进行推测（详见附表 5-1、附表 5-2）。

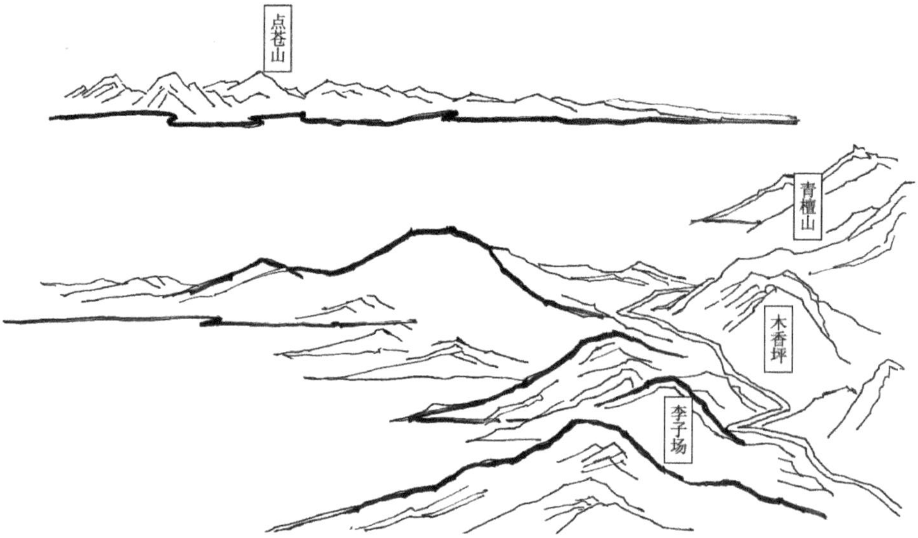

图 5-53 《鸡山指掌图》（一）

图 5-54 《鸡山指掌图》（二）

图 5-55 《鸡山指掌图》（三）

图 5-56 《鸡山指掌图》（四）

通过对山志寺庵分布情况分类整理发现，其中多数寺庵在位置描述上存在一种相互连带的规律，如悉檀寺在满月山下大龙潭之上，后靠石鼓峰；罗汉寺在大龙潭上悉檀寺前；不二轩在满月山下悉檀寺后；贝叶斋在悉檀寺法云阁之旁；满月山在悉檀寺后次山，从九重崖分脉，山形丰伟端好，形如满月；从花石山的描述又见，花石山即鸡足山左峰，其上有满月山。可以看出，罗汉寺、不二轩、贝叶斋、满月山都和悉檀寺有连带关系，而悉檀寺在踏勘中已确定其分布位置，则与之相关的其他寺庵分布相对位置即可推之；又见花石山的记录，则又可知此相关寺庵分布于鸡足山左支上。因此，笔者通过文本细读法和图片认证法结合以上分布规律对四十三寺、六十七庵、一百七十一静室进行分类归纳整理，初步得出部分寺庵分布情况。

5.1.3 前中支寺庵分布

本书于第三章“山水形势”一节中提到过，鸡足山前中支即由四观峰支岭崖下垂，由传灯寺、迦叶殿、慧灯庵至圣峰寺为一顿，沿脉止于钵盂山的三摩寺（即大士阁）。

5.1.3.1 传灯寺、迦叶殿至圣峰寺一脉相关寺庵分布

根据实地调查，分布在前中支的寺庵有传灯寺、迦叶殿、慧灯庵、弥勒院、圣峰寺、寂光寺、碧云寺、千佛寺、牟尼庵、三摩寺等。四观峰东南岩有猢狲梯，绝顶峰岩，下垂之脊石齿棱棱，仅可容足壁立陡上五十余级，落手投足支膝抵胸，始得进步登者不得下视，猢狲梯之下建有传灯寺，左有袈裟石，右百步许接华首门（图 5-57）。

图 5-57 传灯寺位置关系图

实地考察，传灯寺东北方滴水崖前建有兜率庵，《鸡足山志》记载庵右建有静室摩云居。又实测顺山而下即有迦叶殿、西南而下有慧灯庵，背靠迦叶殿；慧灯庵左有弥勒院，背靠迦叶殿；弥勒院左兜率石旁建有静室法兴室。实地勘察，弥勒院南明歌坪上建有圣峰寺，相传掘碑建寺，碑上载迦叶入定八大明王送至此鸣歌作乐。由附表 5–3、5–4 得知圣峰寺左半里许建有静居林、左二百步有大云庵；圣峰寺垂峦下三里许建有隆祥寺，其下还建有海会庵（图 5–58）。

图 5–58 圣峰寺与海会庵位置关系图

5.1.3.2 寂光寺相关寺庵分布

由附表 5–3、5–4 整理得知，寂光寺在锦霞山之下背靠旃檀林；水月庵在寂光寺右；古镜室在水月庵下；云鹤坞在水月庵内；满月轩在水月庵右；积行庵在满月轩西；首传寺在积行庵西南；燃灯寺在象鼻山前首传寺右二里许（据范《鸡足山志》载，由首传寺过九溪桥到燃灯寺，则知两寺中隔一溪）；全真室在燃灯寺后岭上二里许；燃灯室在燃灯寺之下；妙觉庵在燃灯寺下。

5.1.3.3 千佛寺相关寺庵分布

实测千佛寺在寂光寺之下，前对灵源庵，据附表 5–4 知载优昙室在千佛寺左；灵源庵在观音寺之上；观音寺在息阴轩后；息阴轩在观音寺之南；法华庵在观音寺右；宽宇室在法华庵右；

灵源精舍在法华庵右隔涧半里许，则知与千佛寺、灵源庵相关寺庵分布情况（见图 5-59）。又据附表 5-4 知大士阁（即三摩寺）左涧中分布有清音室，根据实测三摩寺位置即可知清音室大体位置。鸡足山前中支寺庵分布情况即如此（详见附表 5-3）。

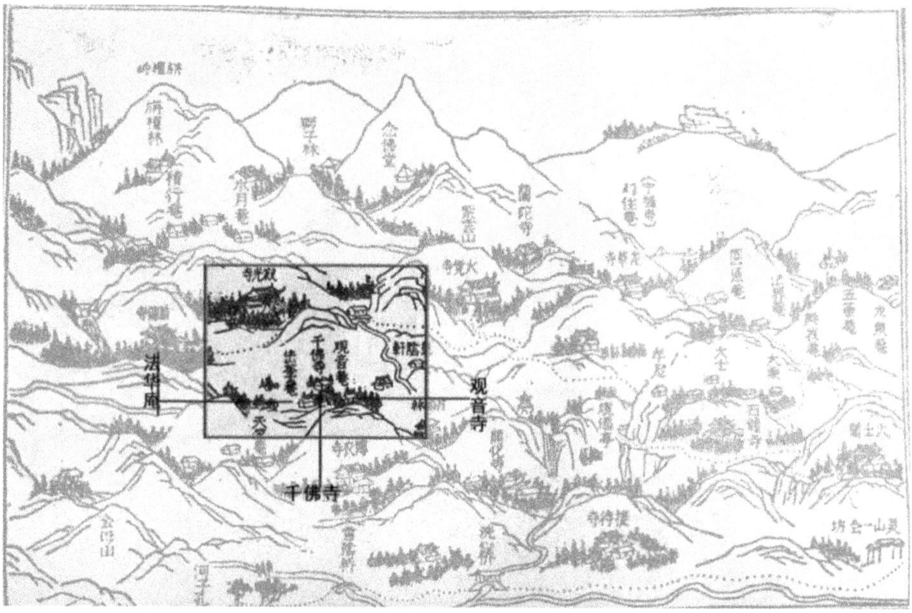

图 5-59 千佛寺、灵源庵、观音寺位置关系图

5.1.4 东支寺庵分布

鸡足山东支即鸡足山左支，由东转南逶迤起伏三四十余里，东南一壁陡峭千仞、嶙峋环抱。山中明刹多建其下，岩壁间茅庵阛标等百余所，为修静之士居住之地。其上有石鼓峰、点苍峰、道冠峰、满月山、集贤山、片玉山、西顾山、天池山等。据《鸡足山志》，分布此支的静室多集中在罗汉壁和九重崖地势陡峭之处，一般游人难以攀爬，如四十二处狮子林静室、三十处旃檀林静室，一十五处九重崖静室多分布于此支。又根据实地踏查大觉寺、万寿庵、龙华寺、西竺寺、极乐庵、大智庵、石钟寺、迎祥寺、兰陀寺、五华庵、圆净庵、片云居、悉檀寺、尊胜塔院、报恩寺多分布在此支下，与前中支以旃檀溪为界毗邻。

5.1.4.1 西竺寺、龙华寺、石钟寺及相关寺庵分布

由附表 5-4 得知，圆通寺在西竺寺东；净觉庵在圆通寺左；大智庵在净觉庵左；极乐庵在

净觉庵右；宝莲庵在净觉庵上；罔措斋在宝莲庵内；中峰室在圆通寺左。又置帚居在龙华寺内；大云居在龙华寺左隔涧百步许；法兴室在西竺寺后；炼魔室在万寿庵之右，昔有河；卿云庵在潮音阁上；潮音阁在龙华寺内；洒陀轩在卿云庵左；隐空居在卿云庵右；离钓室在潮音阁内。则根据实地踏看西竺寺、大智庵、龙华寺、万寿庵、大觉寺位置，即可推之周边寺庵分布情况：大士庵在大智庵左，大乘庵在大士庵左，摩诃室在大乘庵右，从而推知石钟寺周边寺庵分布情况（图 5-60）。

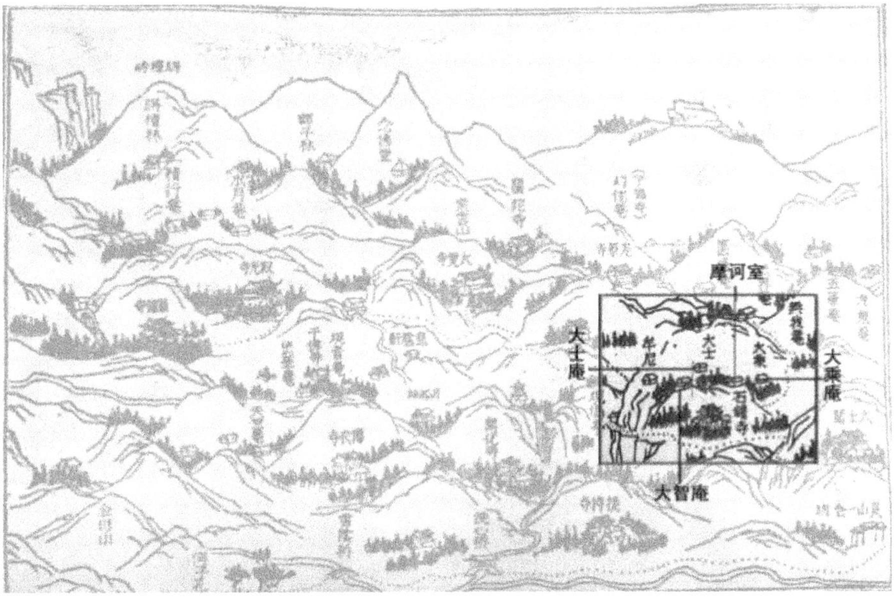

图 5-60 大智庵、大士庵、大乘庵、摩诃室位置关系图

5.1.4.2 五华庵、圆净庵及相关寺庵分布

根据五华庵实测位置及附表 5-1、5-2 知五华庵在龙泉庵左，无我庵在龙泉庵上；龙泉庵在小龙潭上；断际处在五华庵上；肃月轩在五华庵左；不知处在无我庵右，又据《大错指掌图记》（图 5-61），则可推知相关寺庵分布情况。

根据圆净庵、白云居实测位置及附表 5-1、5-2 知翠柏居在圆净庵左，华池室在圆净庵右；毗沙精舍在白云居右，钵龙室在毗沙精舍之右，绿净山房在钵龙室前，则可推知其分布相对位置。

根据《大错指掌图》可以看出，片云居、古雪斋等寺庵分布于白云居左冈下，即沿白云居前路东行即可达片云居；片云居南与悉檀寺相对，东与九重崖相对，那么通过以上信息即可推测片云居和古雪斋位置（图 5-62）。

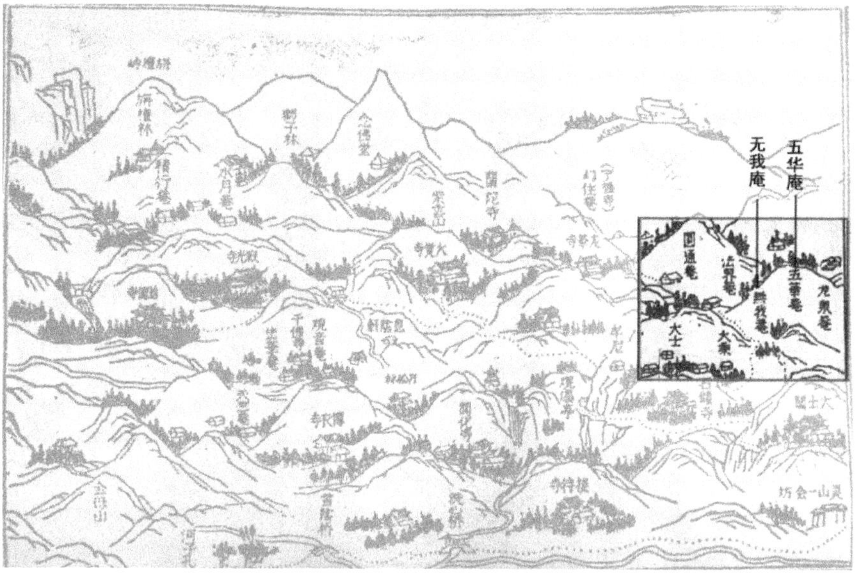

图 5-61 五华庵、无我庵位置关系图

图 5-62 片云居、古雪斋与白云居位置关系图

由《大错指掌图》描绘可以得出，由大乘庵向左沿路北走即达法界庵，法界庵在五华庵后冈下，且位于路东侧，而沿路向北即为圆通庵。由以上信息则可推知法界庵和圆通庵的相对位置（图 5-63）。由附表 5-1、5-2 知法界庵左有柔绿轩右有处约室；圆通庵左有弥陀庵，弥陀庵内有大力庵，弥陀庵左有净云庵。

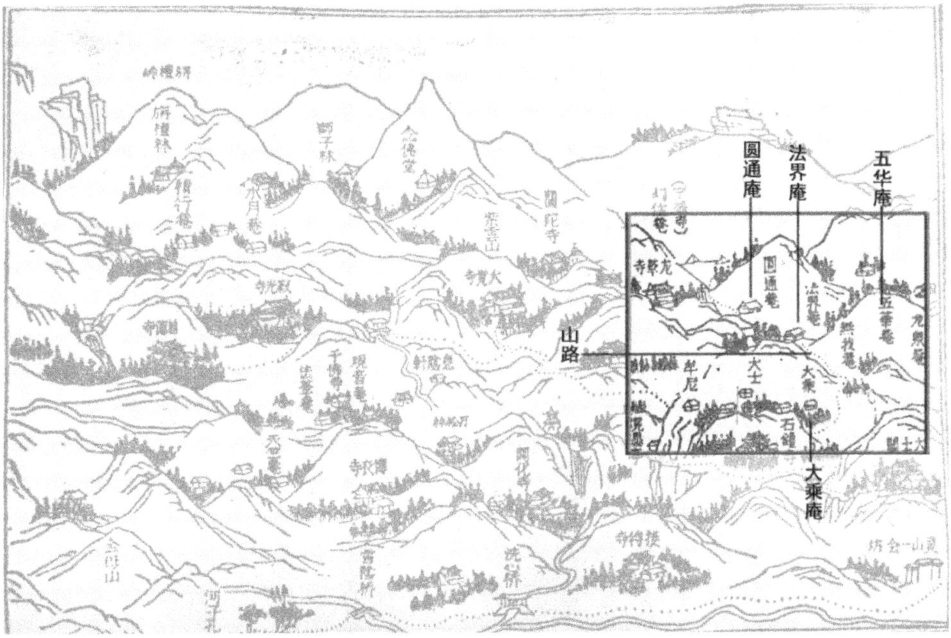

图 5–63 法界庵、圆通庵位置关系图

5.1.4.3 念佛堂及相关罗汉壁静室分布

据《鸡足山志》记载，此支罗汉壁共分布静室 42 处，而据实地调研今遗址已基本不复存在。经实地踏看，调研到念佛堂遗址，遂根据附表 5–2 知，在念佛堂左有六波罗密静室，其因明崇祯僧人建大草阁，四围构六小静室故名；在六波罗密之左建有圆明室，右建有普照室；圆明室后又建有守白室，在守白室之上又建有还忠室；圆明室左又建有石笋庵（即无心室），石笋庵之下建有青霞居，右建有偏空居；普照室之上即建有智行室。

念佛堂之右建有云深处；在云深处之右建有和光室；在和光室之下有翠宇室。念佛堂之下建有藏海莲居；作为诸静室之始的观音崖室即建于藏海莲居之下。念佛堂之上有静室太清居；在太清居之上即石广洞之左建有倚天庵；在倚天庵之左建有纯持室，前有片云石（详见附表 5–2）。

5.1.4.4 报恩寺及相关寺庵分布

东支山脉绵延向东南有文笔山，山尽处建有尊胜塔院，内矗立一座藏式白塔；尊胜塔院垂冈之下建有报恩寺；报恩寺右建有云溪庵；报恩寺左建有玩虎居，到此东支即止。

5.1.5 西支寺庵分布

根据《徐霞客游记》，鸡足山西支发脉迦叶寺，蜿蜒至玉龙瀑布，与中支凑拍。

5.1.5.1 放光寺相关寺庵分布

琼楼山直连绝顶，悬岩峭壁，插汉横空，奇树危石，怒突倒垂，层级重复，有若琼楼。据踏看，山下倚壁参天、面山横案建有放光寺。据附表 5–5，放光寺西三里许即建有觉灵寺，左有静室净业居，左崖下有叶子蓬。放光寺西崖有盘陀石，直立如笋亭亭，上擎虽附崖而起，不与崖合，挺然离立，架桥而度，顶平建有小亭，危耸特绝，行僧大千尝趺坐于此，后当飞泉摇曳，叠嶂萦流，幽异孤渺，别具灵秀，游者扶杖而登，下临绝地峰壑罗列，故堪奇赏。石上有僧归空结茅，建静室盘陀石圃标，架桥以登，俯视千崖万壑，最为奇险。

据《鸡足山志》，盘陀石北小澄台上建有藏头庵，庵上即险绝不可往之楞伽崖；藏头庵西有献果庵。另据踏看，楞伽崖之上东向有八功德水水井，其上有古佛洞，石窍横并，俨若胡床，仅堪容膝。古佛洞之下有静室古佛洞圃标。古佛洞西建有曹溪庵，曹溪庵西崖建有伏虎庵，伏虎庵旁有海印庵（图 5–64）。沿放光寺下三里许，岳山石洞之旁建有衡阳庵，清流激湍映带左右，曾经南岳僧禅隐居于此。觉灵寺周围也有静室分布，据附表 5–5 描述，觉灵寺右岭上有僧老古穴土为洞，栖禅修行，称为太古庵；太古庵右有静室悉怛多室。

5.1.5.2 传衣寺及相关寺庵分布

根据附表 5–1、5–2，传衣寺在凤凰山下背靠万松山冈；昙花庵在传衣寺之左；慈云庵在传衣寺垂冈左侧；开化庵在慈云庵下；净土庵在传衣寺下；水云居在传衣寺后；秋雪庵在传衣寺左箐中；可是楼在水云居左；静笑居在水云居前；福缘林在秋雪庵之左，那么根据实地调查传衣寺、昙花庵、开化庵的位置，又可推测其周围相关寺庵的分布情况。

5.1.5.3 华严寺及相关寺庵分布

根据附表 5–1、附表 5–2，华严寺在鸡足西支之中背靠熊罴冈，面向九重崖；楞伽室在华严寺后檀溪崖上；毗卢阁在祝国寺西背靠青檀山右去半里许接华严寺；祝国寺在毗卢阁左；云海庵在祝国寺下；法明寺在毗卢阁之上；盘龙庵在法明寺前；夔宇室在云海庵内；持心室在云海庵右。根据华严寺、云海庵、祝国寺实测位置，即可推知相关寺庵分布情况。

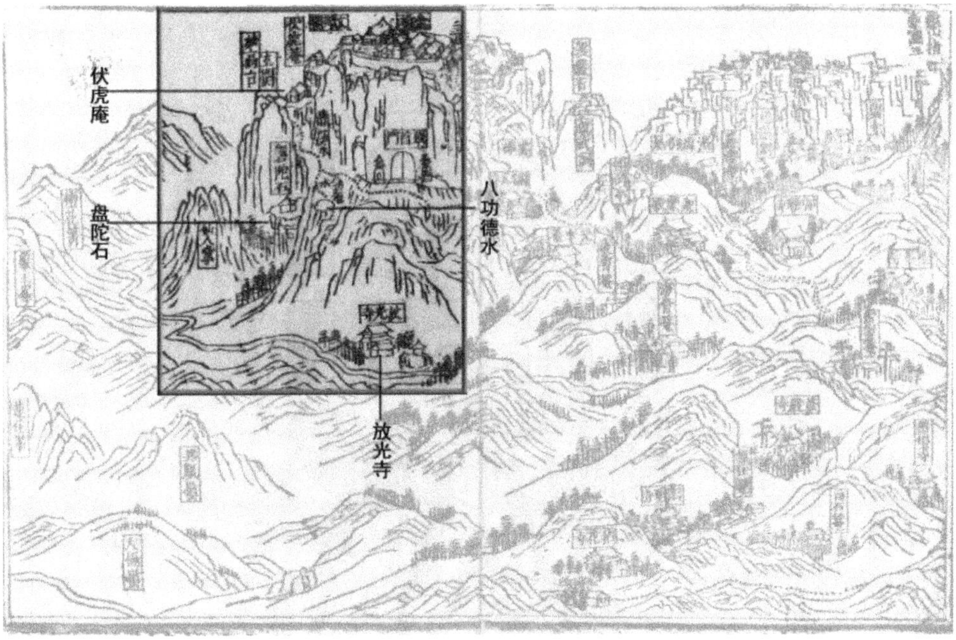

图 5–64 放光寺、盘陀石位置关系图

5.1.5.4 九莲寺及相关寺庵分布

山下建有接待寺，左里许即西里许接九莲寺，九莲寺左又建有静室寄寄斋。鸡足山西支寺庵分布情况即如此（详见附表 5–5）。

5.1.6 小结

通过实地踏看寺庵的分布位置和与其相关的景观点位置，结合《鸡足山志》中对各个寺庵的描述情况和相关信息的整理，并对照大错和尚《鸡山指掌图》综合分析得出寺、庵、静室的整体分布情况。分布在东支的寺庵共 73 座，其中寺院 10 座、庵院 24 座、静室 39 处；分布在前中支的寺庵共 33 座，其中寺院 10 座、庵院 11 座、静室 12 处；分布在西支的寺庵共 37 座，其中寺院 9 座、庵院 10 座、静室 18 处。

5.2 相地为先，择址为要

《易・系辞上》有云："仰以观于天文，俯以察于地理。"中国古人营建的第一要务是察于地理，即相地选址。相地包含两层内容：一是选址，二是因地制宜地构思、立意。《诗经・大雅・公刘》记载，周族族长公刘率领全族迁居豳地，寻找土地富庶草木繁茂之地，他亲自登临山水，察看地形，目的在于求得理想而美好的自然环境。那么，作为修行悟道的佛教寺庵，因其特殊的宗教意象和优越的环境需求，自是对选址尤其重视，相比之下其程度可谓是有过之无不及。

佛陀讲法传法也多选择在植物繁茂、水源便利的园林之所，如印度佛寺叫僧伽蓝摩，意为僧众所住的园林，也称丛林；草创于阿育王时代的佛教建筑——毗柯罗，原意即为休闲安居的园林。可见，从佛教创立之初的佛陀时代，对修行讲法的场所基址和环境的选择就甚为讲究。那么到了中国，古代寺僧凡要修建寺宇，总要专门云游四方，足见佛徒效法佛陀对寺庵选址及景观环境甚为重视。

5.2.1 择址类型与特点

鸡足山丰富的自然空间类型为寺庵建筑基址提供了优越的选择条件。寺庵或藏或露，或隐或显，力求与自然环境相协调。

5.2.1.1 倚立山巅，四方纳景

1）绝顶筑城，览胜四观

在鸡足山寺庵选址中，最突出且引人注目的当属位于四观峰顶的金顶寺。四观峰即鸡足山中峰，为天柱山之最高峰，乃鸡足山绝顶处也。自明歌坪攀跻而上十里许方至其巅，孤耸峭拔，顶垂云霞之表，远近仰瞻，状同天柱，山势壮高，高插云汉。峰顶海拔 3248 m，为鸡足山最高点。由于海拔较高，此地全年无夏，秋冬时有积雪青云，终年云雾缭绕，气候潮湿，故经岁寒冽，僧多厝薪拥炉，云雾景观为四观峰之最（图 5-65）。四观峰顶平正如舒掌，古建有方塔一座，原名宝光塔或放光塔，明万历年修复后改为光明塔；昔建普光殿、观风阁、天长阁、善雨亭、金殿，并修筑罗城，四面开门，各建门楼，称四观楼，可东观日出，西观洱海，南观祥云，北观玉龙雪山；后废观风阁为佛殿，废天长阁为伽蓝殿，废阿难殿为藏经阁，废善雨亭为卧龙轩，废景星亭为碑亭，重修殿庑过道山门，成为金顶寺（图 5-66）。

图 5-65 四观峰顶（图片来源：网络）

图 5-66 四观峰顶鸟瞰图

斯以四观峰顶为鸡足山形胜最佳处，选址于此堪称佳绝。

首先，从观景角度讲有二。一是峰顶位置高拔，视野开阔，方圆数百里，山岭起伏、气势磅礴，景观一览无余。“峰顶相望，上攀霄汉，下俯云雷，五百里山川俱归杖底。左右连峰环绕，旗导羽随，若奔若拱，虽峻岭危峦，亦偃伏如培塿，惟点苍对峙，若桀亢不相下。至大理宾川，城郭村落如蜂房蚁垤，水田相间，萦青缭白，攒簇累聚，径寸间盖不知里亩几许。”观此雄旷之景能予人以超尘出俗、俯临凡界的意境，令人心驰神往。

清代虚云和尚诗云：“西来圣地自何年，山势巍巍接梵天。一派回源朝北阙，三峰鼎峙镇南天。踏开藤杖千重翠，收尽钵盂万井烟。俯首忽闻下界语，始知身在白云巅。”明代大错和尚赞叹其景延缘流青，万景臻丽。另外，鸡足山形胜中贯以峰顶四观为最，即东为日观，鸡鸣时观东方日出千霞绚烂；西为海观，洱海正绕山麓光平如面，苍山相映宛若图画；北为雪观，即观丽江玉龙雪山，每到云收雾敛时，山顶望见雪山连亘霄际，玉峰莹洁，晃耀心目，有如觌面；南为云观，每雨收天霁，则白云弥漫虚空、佛光变现，洵山顶之奇观也。而金顶寺正处四观之中，为观赏四观最佳处。

明代徐霞客游到此处情怀激荡，文思泉涌，留下脍炙人口的《绝顶四观》诗五首，其一为：“芙蓉万仞削中天，抟捥乾坤面面悬。势压东溟日半夜，天连北极雪千年。晴光西洱摇金镜，瑞色南云列彩筵。奇观尽收今古胜，帝庭呼吸独为偏。”面对“日、海、云、雪”四大奇观，他赞叹道：“日海云雪四观，海内得其一，已为奇绝，而况乎全备者耶？此不特首鸡足山，实首海内矣。”可见，金顶寺的选址以“雄奇”为特色，不仅善观鸡足众山形势之“雄”景，又可观“日、海、云、雪”之奇景，达到了有若梵天的境界（图 5-67～图 5-71）。

图 5-67 东观日出

图 5-68 西观苍山洱海

图 5-69 南观祥云

图 5-70 北观玉龙雪山

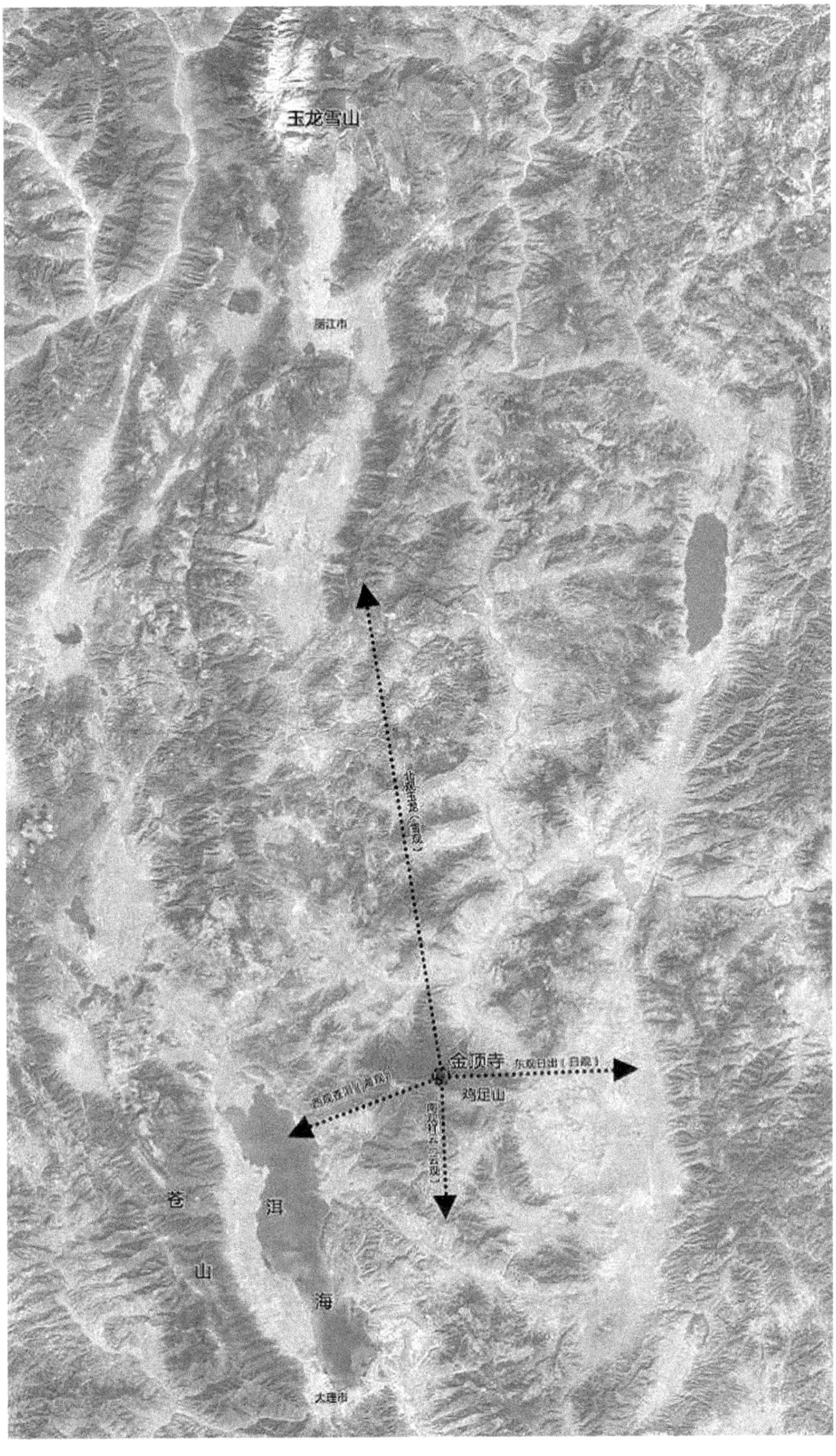

图 5-71 金顶四观景观视线分析图

其次，从点景的角度来看。四观峰孤耸峭拔，顶平正如舒掌。此平正面小之地如果不加方塔、殿阁、亭廊、门楼等佛寺建筑的点缀，则观之仿如山顶被削平，景观效果会稍显逊色。那么，金顶寺殿、阁、塔、楼等建筑不仅构成了峰顶优美的天际线，而且强化和突出了四观峰悬崖绝壁、四面凌空之“险”景，起到了画龙点睛的作用，达到了虽由人作，宛自天开的效果，成为风景的构图中心（图 5–72～图 5–74）。

清范承勋有云：“余惟鸡山之胜，幽崖邃壑，各有其奇，然而大观皆在绝顶。”

2）振衣岗塔，遥映金顶

尊胜塔院在振衣岗上，乃鸡足山左峰尽处，于此回顾一山，其景如画。尊胜塔院中亦建有藏式白塔，正于此岗上与绝顶佛塔遥遥相对，成上下呼应之势（图 5–75）。西向远观金母山、白石崖，俱在对面，而甚卑伏。视线旷广，一览山川之奇丽、林木之葱郁。作为点景，正如明大错和尚所云：“尊胜塔峰隐现于烟岚树影间，与金母、苍波诸峰点缀掩映，最为奇丽”。

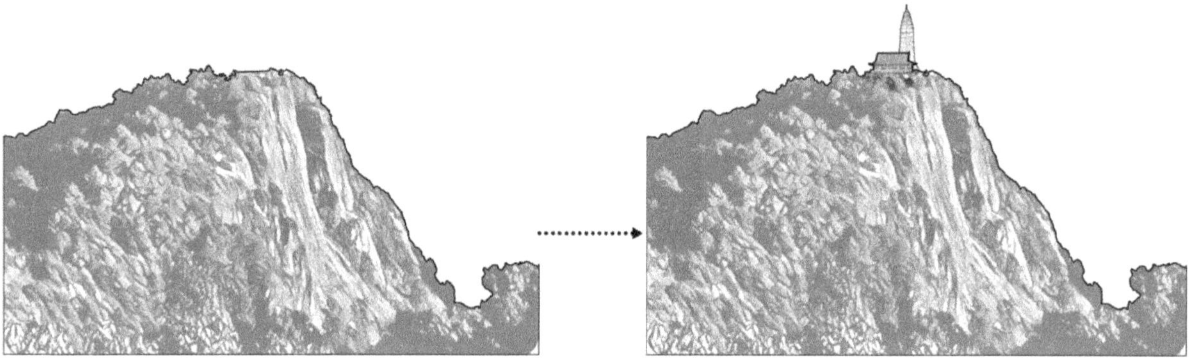

图 5–72 四观峰顶天际线演变分析图（西北视点）

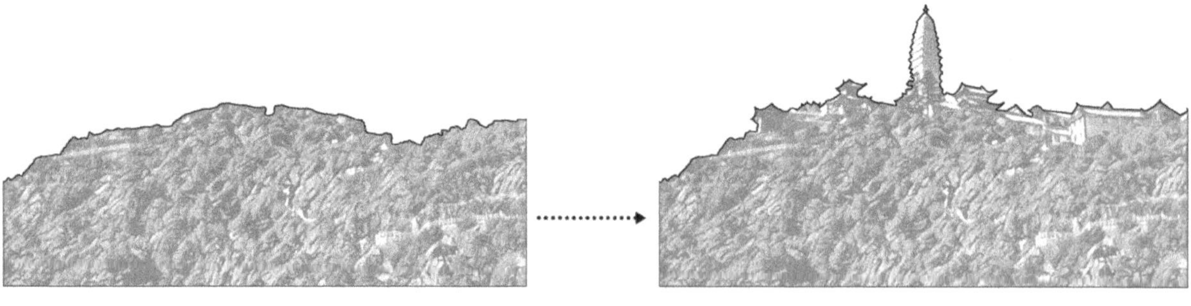

图 5–73 四观峰顶天际线演变分析图（东南视点）

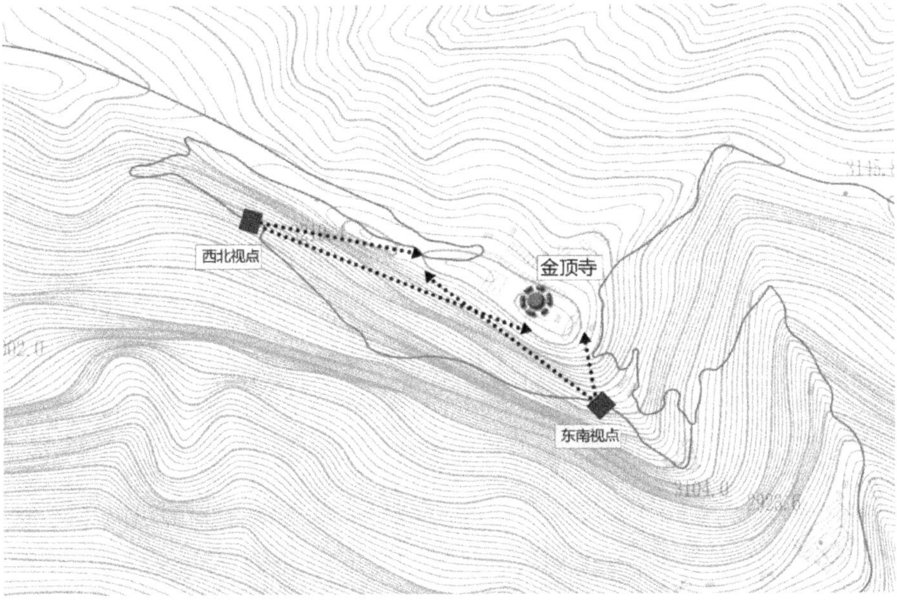

图 5-74 四观峰顶视点与视线示意图

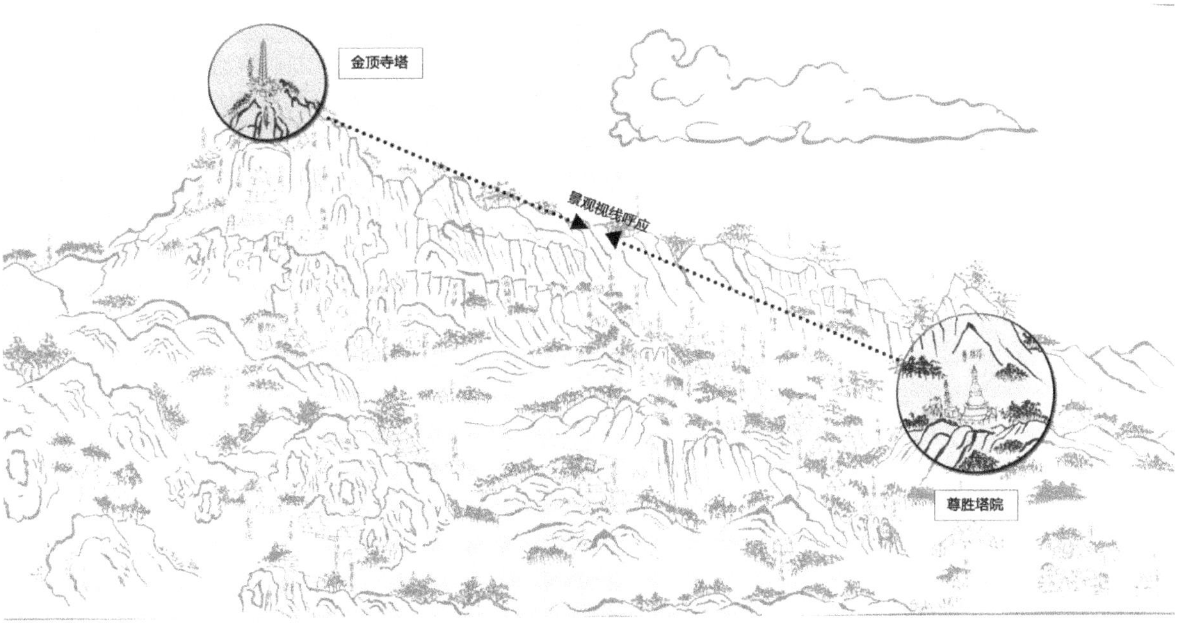

图 5-75 尊胜塔与金顶寺塔呼应关系示意图

5.2.1.2 三支环抱，幽奥秘境

选址中比较集中的当属寂光寺、大觉寺、石钟寺、龙华寺、迎祥寺、万寿庵、牟尼庵等诸多庵院坐落的东支与前中支分岭坳区。此处被钵盂山、文笔山、集贤山等冈岭环抱，周围地势缓平；鸡足山北部溪水多，水资源丰富，有大龙潭、小龙潭等；山间古木藤萝荫翳，光线柔和，空气清新，景色葱茏雅静，具有绵邈幽深、蒙翳清宁的意境。此处属于山中既含蓄又非闭塞的地段，以幽奥空间为主，局部空间旷奥兼备。如石钟寺，东南有瀑布，周边古树参天，葱菁峭倩，郁然无际。石钟寺东有迎祥寺，再向东为五华寺，有小龙潭；东五里为罗汉寺，有大龙潭；石钟寺西为西竺寺，西竺寺后为龙华寺，龙华寺后为大觉寺，过大觉寺则行穿万松，又一里为寂光寺，寺西百步为水月庵。此诸寺庵于万松中斜阳萌映，游者人面皆绿，旭日东升，光芒在万树间，如碎金洒地。可见，其幽静荫翳、奥秘深邃与山顶的雄奇旷敞形成了鲜明对比。分布此基址的寺庵还有悉檀寺，左有藏经阁，景观幽邃；再左至古雪斋，旁有片云居，皆极静僻，周围树林森茂，山径幽僻，溪泉竹石与庵院棋错，朝昏课诵，梵呗相引。

明代冯时可形容此处基址环境："奇树与峰争高，互相交镝，天光不漏。"范承勋则赞云："路皆盘回而上，人马行松阴中，耳目俱静，万籁无声，所闻者惟马蹄声耳。"由此可见，此基址于三支环抱之间，植被繁茂，利用山林掩映形成了幽奥静谧的空间环境，适合建造以藏为构景主体的寺庵。此处沟壑纵横，溪流丰富，清溪曲径，林木雾隐，整体来看空间视域较窄，景观曲折幽奥，无一览无余之弊。选址在景观营造上适合以近观山水为主，形成禅栖胜境。

5.2.1.3 倚崖构室，险景奇观

高峰险景，最有魅力。虽然崖畔难以架屋立基，但在佛寺园林环境里常常出于宗教或景观意象，不拘一格，随机应变，在悬崖上构室建寺，以有限的人力而取得巧夺天工的险景奇观。倚崖构室、险中求景正是鸡足山寺庵选址的主要特色。鸡足山素有滇南崖石之奇冠甲西南的美名，而景之奇胜幽险，在琼楼山一带最胜。山体直上至四观峰，插空矗起。仰面上视，壁立万仞，险峻嶙峋，莫可攀跻（图 5-76）。作为山中八大寺之一的放光寺，选址于此，背倚琼楼山，前临深崖，陡险难行。

上放光寺循崖西行，森踞奇险，结石为路，仅容半足，攀树侧转，崖半有平地，曾建有茅庵，年久荒废。庵址之前，下临千尺，有名为盘陀石的大石附崖而起，亭立如柱，顶与崖并行。石上平坦，可坐十余人，曾有僧人在其上建茅庵，趺坐其间参禅修行（图 5-77）。

坐此石上，远眺丘壑，左右数十里，岭岫回合，溪涧叠映，林树丛杂，烟岚变幻，顷刻异

状，目不周赏。盘陀石之上，为藏头庵，崖石更怪，险不可登（图 5–78）。此址虽崖畔壁立，山岩嶙峋，地势高兀，无所依托，景观最是危绝，然而修行于此之人往往心旷神怡，左右数十里岭岫山峦、林树丛杂、烟岚变幻等自然美景尽收眼底，仿佛置身于仙山琼阁的境界（图 5–79）。

图 5–76 从放光寺仰视琼楼山

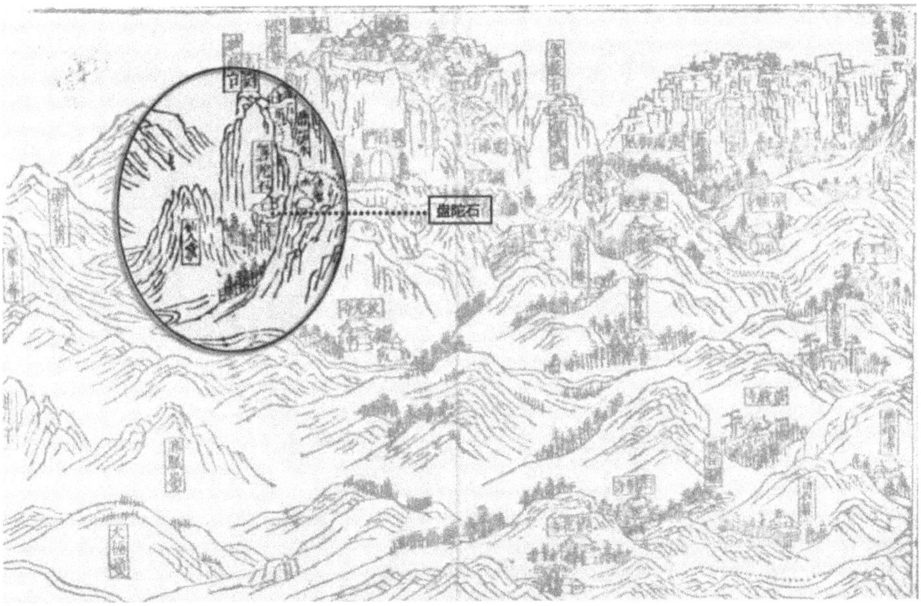

图 5–77 盘陀石示意图

图 5-78 在盘陀石上南眺

图 5-79 远观放光寺及琮楼山意象图

基址选择在难以构室之陡峭直立的悬崖绝壁上，突出了其绝对险奇的景观效果和特殊的宗教气氛。罗汉壁在四观峰东，从仰高峡突起，陡壁横开、崚嶒耸叠、垂绡卷幛、连亘四里；崖下静室刳壁、累石高下、若蜂房燕窠。学蕴在《旃檀林记》中赞叹其陡峭千仞，险峻嶙峋，攫云搴雾，连亘数里，为一山奇观。而据山志载其下分布静室有四十九处，如碧云寺后倚崖构室，奇险难陡，建有幻空室；石路回折，松柏交映，紫翠相间，建有西来寺、安心处和太华室；罗汉壁下侧，倚东涧另辟巉岏，禅师古亭在其间建庵，名般若庵，等等。

罗汉壁险要狭窄，难容弹丸，营建和构景最是艰难，条件甚为苛刻，但从点景的角度来看，以直立悬陡的崖壁为背景，挑梁架屋点缀其上，却当为寺庵景观中的奇景，如神来之笔，为单调险陡的自然景观画上一抹油彩，画龙点睛。另外，从观景的角度看，于崖畔之上，云雾横断，上空下虚，使人若凌空欲飞，其垂直视角最大，可仰可俯，俯瞰壑中，梵刹攒隐，仰瞻翠嶂，树石蒙崖幽险（图 5-80）。

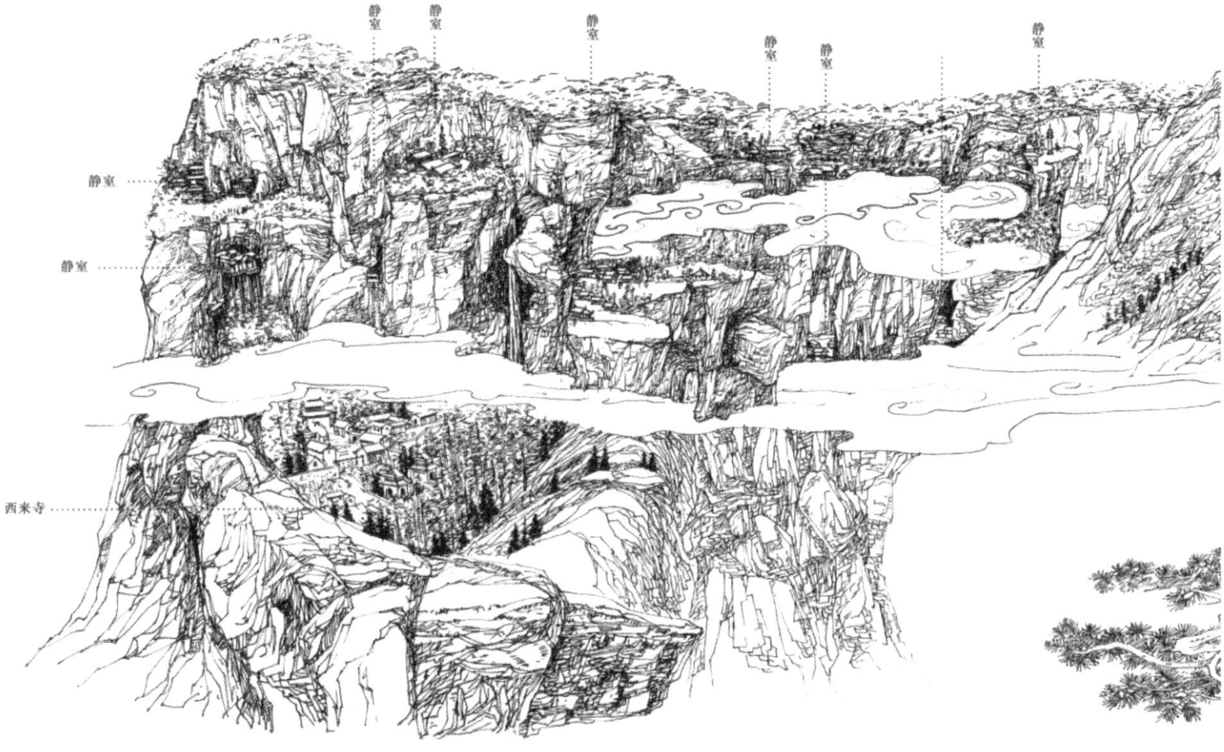

图 5-80 罗汉壁寺庵分布意向效果图

5.2.1.4 山坡高岗，亦奥亦旷

此类选址多位于山中高处或半山处，地形较缓，总体地势为倾斜之趋势。但其间丘壑冈阜变化多端，林木或繁茂或稀疏，自然景观甚为丰富。寺庵遵循地势，沿山营建，虽寺庵背倚山峦，四周林木幽蔽，但由于海拔较高，于寺远眺，幽中有旷。大觉寺位于狮子林下，其周围山林映掩，呈现幽邃奥渺之境（图 5–81），于寺向南远望百里山川，如幡如幢，见山下一派白云如棉，日光晃耀，若大海波涛，流欲不流；其外远云皆为奇峰，与诸山竞立；继续北向为兰陀寺，虽入林更深，但山门踞高原，云朝霞拱，俯视万象，幽中有旷，藏中有显，利用地势形成了山川百里、云霞万象的旷敞景观（图 5–82）。开山古刹迦叶殿，背倚插屏山，下视诸山及州城，蓊菡晻霭，诸溪如练，萦青缭白，眺望甚适（图 5–83）。位于明歌坪之圣峰寺，四山环碧，白云千里，幽奥之中，旷敞景观一览无余。三摩寺位于象头山前，依据山地地势建于高处，向南俯瞰坳中村落山水田园景观，景观视线旷达渺远（图 5–84、图 5–85）。

于此选址的还有传衣寺、雷音寺等周边寺庵，背靠万松山，与西顾山、马鞍岭遥遥相对，可仰观尊胜塔与文笔山、俯瞰寺前村等诸村落景观，同时据实地踏看，寺庵周边古木竹树环绕，亦幽亦静。

可见，此选址的特点在于寺庵倚靠山峦高岗，不仅能以背景的祖山来烘托寺庵建筑群的气势。而且在山坡高岗上，地势显露，周围山势连绵，背倚重峦叠嶂。在此斜坡上构景，以群山相对，能获得较为深远的风景层次。而且斜坡上一面至三面开阔地，亦能有较好的借景条件。或者借古木繁树，森林蓊郁，围合建筑，呈现内向的幽奥空间。奥如旷如，亦奥亦旷。

图 5–81 大觉寺

图 5-82 迦叶殿远眺

图 5-83 山麓寺前村村落景观

图 5-84 三摩寺与寺前村视景关系效果图

图 5-85 传衣寺及周边寺庵选址效果图

5.2.1.5 背倚山麓，鸡山门户

在鸡足山入山大路旁，由南山北转为登山初境，上为礼佛台，也称辞佛台，上建有小塔，凡入山礼佛者归路至此，回望山顶作礼辞佛，以伸眷慕。在礼佛台右三里许苍波山麓坐落着入山第一刹，面对蹲象山，为拈花寺。此选址不同于其他山中寺庵，基址位于山麓，此处可以说是以整座鸡足山为背景，并显示龙山和祖山形象的最佳地点，山峦环拱，主次分明，景观视野以仰视山中梵刹为特色。过拈花寺，鸡足山之麓还建有接待寺，接待寺背靠传衣山冈，由寺中仰视，即望见三摩寺，巍然天表，残云断霭，焕漫层崖。如此选址于山麓的寺庵还有建于明代继周庵、清代祇园庵和永胜庵，均位于山麓沙址村，与山麓村落相依而建，面临溪田，景观平远开阔（图 5-86）。

5.2.1.6 以洞为室，幽窅参禅

在鸡足山寺庵选址中，多有禅僧以洞为室，修行悟禅，如位于狮子林的石广洞曾有僧栖禅其中，以石为床；落伽洞，俗名猴子洞，峭壁而下，洞出清泉，四时不竭，曾有行僧大千隐居于此；杨黼洞，在罗汉壁西，有名杨黼的大理人栖息于此二十年，得道而去；金华洞，在檀花箐西，金华庵西北即峰顶四冈将尽处，崖悬路绝，层峦危耸，与列岫争奇，人迹罕至，有僧南松尝止静其间；藏头洞，在华首门北岫侧历落参牙，昔周哲于此洞修炼；丹霞洞，在狮子林后山，昔有僧习禅其中，孤邃幽险，不易居；老古洞，在觉灵寺右岭上，昔有僧老古穴土为洞，栖禅于此。此基址选择在深处洞穴之中，意在借用以极其深藏、静谧的幽奥空间来烘托神秘的宗教气氛，以创造与尘世隔绝的幽窅之境，悉心悟禅修道，以苦修为主（图 5–87、图 5–88）。

图 5–86 接待寺背倚山麓示意图

图 5-87 杨黼洞

图 5-88 以洞为室

5.2.1.7 借石筑屋，自然悟道

另外，根据实地踏看和史料记载，鸡足山静室也多选择在难以攀跻之所。人们借助自然山石条件，筑屋构室，有的将房屋嵌于石中，石下屋内为居住空间，具备简单的生活条件，石上为修行空间，供打坐禅修以及观景（图 5-89）；有的将房屋建于突出的石台下，石上作为修行空间；有的将房屋建于石上，房前留有开敞空间，供打坐禅修以及观景（图 5-90）；有的建于石上平台后，石头作为室前开敞空间，用来打坐禅修以及观景，中间用石笋当汀步以连接。

图 5-89 屋嵌石中示意效果图

图 5-90 屋建石上示意效果图

5.2.2 择址意象

5.2.2.1 择胜的环境意象：山水人文

鸡足山自然山水灵奇、地势曲折，溪水潺潺、古木参天，为寺庵的选址提供了丰富的环境条件。寺庵或隐匿于群山林木，或坐落在山巅峰顶，或嵌悬在峭壁之下，或深藏于洞壑之中，都体现了山奇不厌、览胜惟我欲的择胜意象。

禅宗注重从自然万物，一花一草、一山一水中获得参禅的灵感而顿悟。另外，中国人修禅喜在一个合适的方位去仰观俯视，远眺近看，力图在这俯仰自得、游心太玄的直观体验中把握宇宙的奥妙。这种观念无形之中决定了禅僧在寺庵选址中以山水自然环境作为首要考量。鸡足山山水环境素以“雄、秀、奇、险”著称，诸多禅僧、贤士也因此来此栖禅隐居，“每从山水间，啸傲忘吾忧”，此地被视为修行的一方净土，由此可以看出雄、秀、奇、险的山水景观是鸡足山寺庵择址的首要意象，也不难理解缘何飞猿捷猱亦艰于登降的险要之地会梵宇林立、静室密集。

寺因山而名，山因寺而胜，寺因山而古，山因寺而迹。山水人文与寺庵择址息息相关。鸡足山以迦叶尊者入定之山而闻名，故异迹古迹等人文遗迹丰富，“胜概八景”“人文八景”“四观”等人文景观被游人所赞叹。从诸多寺庵的择址中可以看出，人文景观突出的地方往往寺庵聚集，甚至可以说庵室建设突破了复杂地形、地质、气象等苛刻条件的限制。如位于鸡足山东支文笔山后静室密集的罗汉壁、九重崖一带，崖壁陡峭、壁立千仞、危峦重叠，奇伟瑰怪、插天盘云，从罗汉壁到九重崖蜿蜒二十多里，却分布静室六十多处（图 5–91）。此悬崖峭壁正是鸡足山八景“重崖夕照”之处，每当夕阳西下，罗汉壁、九重崖辉烂并耀，万彩备呈，霞光万道，层林尽染，光华琉璃。石壁霞光万道，红紫万状，如列霞绡，如佛经上的琉璃光明世界，当属鸡足山之人文奇观（图 5–92）。而在此奇观中却分布静室六十多座，并且尊胜塔院、迎祥寺、牟尼庵等寺庵可饱览此奇景。又如位于鸡足中峰四观峰的华首门异迹，传说为迦叶尊者入定之处，虽然其周围地势险要，却有传灯寺、迦叶殿、兜率庵等寺庵，又由此形成了绝壑烟岚、半崖松桧隐禅房的人文景观。由此可见，鸡足山寺庵选址中择胜是首要条件，寺庵充分围绕着山中雄秀幽奇的自然环境和人文胜境进行营建。

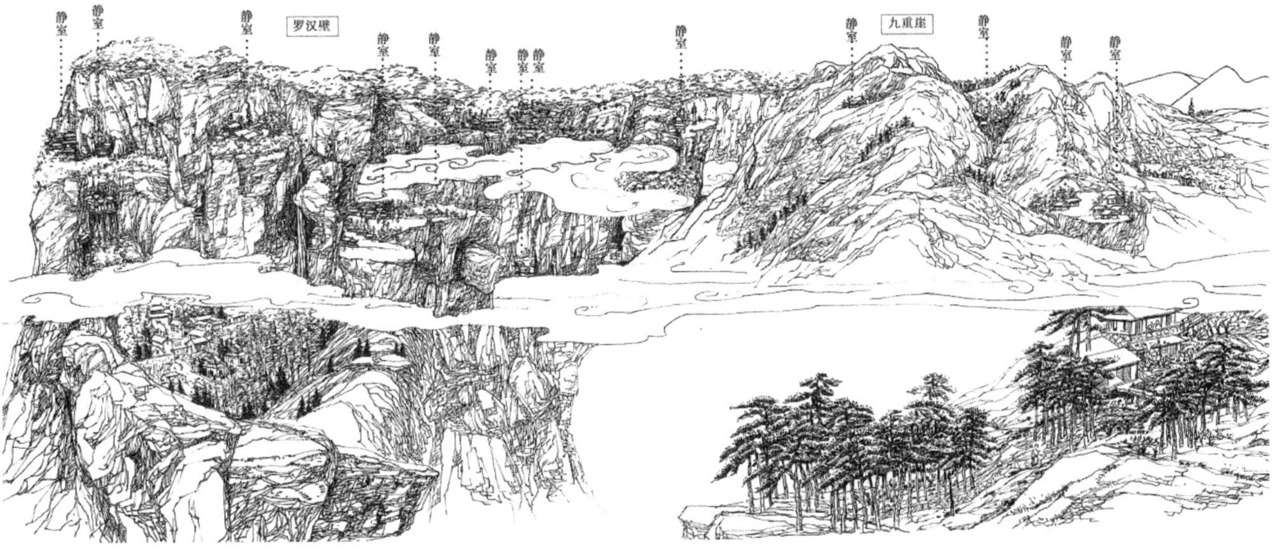

图 5–91 罗汉壁、九重崖一带静室分布效果图

图 5-92 罗汉壁重崖夕照

5.2.2.2 修行的需求意象：临水为宗

未看山时先看水，有山无水休寻地。水源对寺庵园林选址极其重要。从生活修行的角度来看，水能满足僧众、游客生活上的实际需求，维持其生命并提供其修行的基本保障，“庵北石上出冽泉，上下诸庵皆赖之以食”“处处泉流供洗钵”，靠近水源或占用水体成为鸡足山寺庵选址的最大共性。另外鸡足山溪流涧瀑泉等水体资源甚为丰富，如朱泰祯《广恩寺分烟楼》中记载道：“诸天暂许携双屐，三日应知遍百泉。”如此丰盈的水资源也为寺庵园林水景的营造提供了得天独厚的条件，由此形成了“九莲开净域，双涧绕香台”“宝地花盈砌，香厨竹引泉”“门临松涧涛初落，风扬茶烟露未晞”之景（详见附表 5-6）。

5.2.2.3 禅的审美意象：玄奥清幽

“禅”，是梵语“禅那”的简称。“禅那”的语根就是由思维或静虑而来的，是一种用来收摄身心的修行方法。禅有习禅之禅与禅宗之禅。从其习禅的行为来理解，可译为静虑；从禅的实体角度来说，可理解为“定”；而从习禅的结果来看，可为功德丛林之意。禅宗，是以不立文字、教外别传、直指人心、见性成佛为核心思想的心法，以修习禅为主要方法。禅宗虽然经过中国文化的洗礼相比原始的印度禅宗思想有所简化或改变，但是其追求人生解脱和大彻大悟的哲学目标和修习方式却不曾消失，并且进一步渗透到中国传统文化和艺术之中，遂衍生出一种自然清净、含蓄澹远、玄致幽寂的审美情趣。禅以觉悟心性本原为主旨，主张通过俯仰天地、沉思冥想，在感性中通过悟境而达到精神上的超越与自由。那么达到以上层次的初步条件为心静，只要心静就能慢慢觉察到一切动的生命，从而体悟到生命的真理和禅悦，而最终到达梵我合一的至高境界。

鸡足山中寺庵均掩绿于松竹之内，寺庵均选择环境清幽之处，自然而然流露出了禅的审美意象。

5.2.2.4 苦行的宗教意象：孤邃静僻

佛教要求僧众修行的第一要务是割断尘缘。佛教在印度初创时割断尘缘的一种方式就是苦修禁欲，不纵情享乐，坐禅诵经。如佛经中记载佛陀释迦牟尼修道之初，至跋伽仙苦行林中，见环境静寂，便心生欢喜，即坐菩提树下四十八日，观树思维，感天动地，演大光明，乃成正果。

鸡足山中修道之僧不少，他们将寺、庵建设在艰险或偏僻崖壁处，以独处、静修苦行。为了避免游人的打扰和喧嚣，他们不惜跋山涉水，攀崖跨壑寻找寂静之所，构室栖禅。如金华庵西北峰顶四冈将尽处的金华洞，崖悬路绝，层峦危耸，与列岫争奇，人迹罕至，有僧南松尝止静其间；在狮子林后山下的丹霞洞，孤邃幽险不易居，曾有僧习禅其中；在罗汉壁危崖下的杨黼洞，有名杨黼之人栖息于此二十年，最终得道而去；又如华严寺，林峦深邃，原为熊罴之窟宅；东南一壁陡削、千仞嶙峋的罗汉壁、狮子林、九重岩，山中名刹多建其下岩壁间，茅庵静室不下百所，修静之士居住其中。

5.3 总体布局：一城八寺，三界三境

5.3.1 布局结构：一城八寺，森列三距

鸡足山自元代开始已有寺庵建于山中，到明代寺庵建设逐步发展壮大，明末清初即形成了“大寺八，小寺三十有四，庵院六十有五，静室一百七十余所”的鼎盛局面。法宇辉煌，梵刹巨丽；飞栋云兴，雕甍霞蔚；金铺互映，玉题交媚；梵刹寺宇，层层拱卫；塔寺林立，静室遍布，可谓金殿空中香雾弥漫、十里松风吹不断。其中迦叶殿、石钟寺、放光寺、传衣寺、华严寺、寂光寺、大觉寺、悉檀寺最为宏大，被誉为明代八大寺。

鸡足山寺庵自创始以来陆陆续续建置、兴废、重建，经过历史的筛选和僧俗不断的经营，形成了以金顶寺为标志、八大寺为核心、其余寺庵拱扶围绕的布局结构。

5.3.1.1 “一城”为标志

金顶寺在天柱山最高峰之上。明代弘治年间有僧人在此建庵，后嘉靖年创建普光殿，万历年于山巅以石为基础、砖为塔身、铜为塔顶，建造了光明宝塔。塔中虚外直，正方形七级，每级丈余，高约十丈。俗传迦叶尊者入定其下，每遇风雨，则浩渺茏葱中辄放光焰，似霞非霞，似火非火，自塔而起，旋绕峰峦，照耀林木，俗呼为放光塔云。

鸡足山以天柱为山之形胜最佳处，一峰耸立，迥出云表，而放光塔的建立使鸡足山巅大放异彩，更加突出了其顶端优势。塔建成之后，有土司于周围用砖砌罗城，城高八尺，周围一百余丈，四方各设门楼，以便远眺。东门楼曰“日观”，取泰山日观含义；南门楼曰“云观”，因有彩云出现；西名“海观”，苍山洱海在望；北名“雪观”，可以遥睹丽江玉龙雪山，“四观”之名始于此。后辛巳年，黔国沐天波移云南省城太和宫金殿来山，废普光殿併塔，就其址立金殿，于是鸡足山之顶金色宝殿巍然城中，一时间旭日漾光，金碧辉煌。

查找明代诸多游记、碑刻等古籍资料，明代多称天柱山顶为绝顶罗城，而未见“金顶寺”名称出现，可见，此时的金顶寺还未形成，建筑格局也仍未形成寺院制式，罗城、观峰阁、善于亭等建筑完全遵循以景观功能为主、朝拜功能为辅的原则而建设。其因异于其余诸寺庵的建置和显要的地理位置和景观功能成为鸡足山之标志。此制式延续到清代顺治年间，金顶寺建筑才有寺的建置，到清康熙年殿阁俱灭，唯铜殿独存。康熙三十一年，总督范承勋提督诺穆图重建天一阁，高奣映之子高映厚重修殿庑、过道、山门。清代天柱山顶才建设佛殿、伽蓝殿、藏经阁、碑亭、明王殿、山门等佛寺建筑，可以说，此时真正意义的金顶寺才得以形成。但是山顶风厉，冬春之间积雪不消，居其上孤耸寒寂，非有志者不能久居。可见，明代绝顶罗城虽到清代改称金顶寺，但鲜有僧人居住，从建筑功能上也可以看出，并无修行人之居住与修行空间，实为观景建筑和供佛建筑。

综上所述，从明代绝顶罗城到清代金顶寺，虽然称谓有所改变，但是其在建筑制式和功能空间上均围绕景观和供佛两种功能而建设，并一直是鸡足山标志性景观建筑和佛寺建筑。

5.3.1.2 “八寺”为核心分布

“大寺八”即明代八大佛寺，分别为迦叶殿、石钟寺、放光寺、传衣寺、华严寺、寂光寺、大觉寺、悉檀寺。

1）迦叶殿核心辐射区

迦叶殿选址于中峰天柱山腰，为西南支（即鸡足山西支）发脉之处。佛寺整体处于鸡足山较为陡峭的地段，东临仰高峡，西有崖壁围合。清代范承勋称迦叶殿为此山主寺。作为开山古刹的迦叶殿上行通兜率庵，再上为铜佛殿（即传灯寺）。传灯寺左有袈裟石，右百步许接华首门。迦叶殿下行又通圣峰寺，周围又分布有弥勒院、慧灯庵等庵院。迦叶殿处于下连圣峰诸寺、上通华首门及山顶的核心位置。古时人们都于此休息，养精蓄锐以备登顶。正是这种游人的行为模式促使佛寺的形成，迦叶殿逐渐发展壮大，成为山中八大寺之一，其游线周围出现了传灯寺、圣峰寺、弥勒院、慧灯庵、伏虎庵、曹溪庵等诸多寺庵。

2）放光寺核心辐射区

迦叶殿西南方向琼楼山下建有放光寺，明代嘉靖年间创寺。放光寺后倚参天石壁，前有横山如案，正当鸡足山之胸怀。据实地调查，放光寺地势险要，但临近华首门，周围静室林立，如净业居、太古庵、悉怛多室等，衡阳庵建于其下悬崖。

3）悉檀寺核心辐射区

悉檀寺位于鸡足山东支满月山下，前有大龙潭。明代万历年间建寺，并受天启皇帝御赐藏经、敕赐祝国悉檀禅寺。悉檀寺，左有藏经阁，颇幽邃；右有古雪斋，旁有片云居，皆极静僻。明大错和尚赞悉檀寺为禅栖胜境，周回不过里许，树林森茂，山径幽僻，溪泉竹石与庵院棋错，朝昏课诵，梵呗相引。

4）石钟寺核心辐射区

石钟寺是鸡足山规模最大最古老的佛寺之一。位处鸡足山东支，面向钵盂山。据清代范承勋《鸡足山志》载，石钟寺始创唐代，明代永乐正统年间，敕赐大少林寺僧了通、了晓重建并后阁。相传阁之左右有澄潭，上悬崖石叩之如钟鸣，故寺名石钟，享有“石钟声彻三千界，鸡足名标第一山”之赞誉。石钟寺东有钵盂庵（即迎祥寺），再东为西竺寺、圆通寺，两处径路纡杳，台殿深藏。石钟寺位置适中，地势开阔平坦，以石钟寺为核心前有迎祥寺、牟尼庵、龙泉庵，后有圆通寺、西竺寺、大乘庵、极乐庵、大智庵等诸多寺庵。

5）大觉寺核心辐射区

大觉寺创于明代万历初年，在石钟寺后里许，前有万寿庵，后有兰陀寺，殿阁宏丽，傍庵所十余处。

6）寂光寺核心辐射区

寂光寺，建于明代嘉靖年间，坐落于鸡足山中支，背靠旃檀林。《鸡足山志》载，寂光寺周围有首传寺、水月庵、补处庵、积行庵等寺庵。

7）华严寺核心辐射区

华严寺位于鸡足山西支，背靠熊罴冈，面向九重崖，当西南支之脊，东北向九层崖而峙，地迥向异，又山中一胜。鸡足山中支与东支寺庵皆东南二向，曾无北拱者，而唯此寺回首返照，北向山中诸大刹。华严寺周围建有祝国寺、法明寺、盘龙庵等寺庵。

8）传衣寺核心辐射区

华严寺东有路，东行山脊，乃直达传衣寺。传衣寺创于明代嘉靖年间，位于鸡足山西支，背倚万松山，乃鸡足首刹，山形尤奇绝。寺与北面的雷音寺、八角庵等组成鸡足山又一佛教寺庵建筑群。其北先有止止庵，南为净云庵，再南有弥陀庵、圆通庵、八角庵，三庵皆连附于传衣寺。除此之外，传衣寺还与般若庵、雷音寺等寺庵相邻。

可见鸡足山寺宇林立，众多寺庵建设呈现以绝顶罗城为核心标志，以八大寺为重心的布局结构。东晋僧人法显《佛国记》中记载，印度那竭国有醯罗城，城中建有佛顶骨精舍，此城以八豪持八印封固守护佛陀顶骨舍利。鸡足山“一城八寺”的布局结构正与《佛国记》中记载吻合，其中八寺有如守护佛陀舍利的八豪，成为山中的主要护法，正如担当和尚诗云：“四林灯照千年雪，八寺香腾万壑云”。

5.3.2 空间意象：三界三境

5.3.2.1 鸡足山寺庵朝拜序列

鸡足山山体巍然耸立，通天拔地，明代即名，众多禅僧来山建寺立庵，栖禅隐修。明清时期寺庵发展壮大，寺庵和静室均达百所以上，可见其规模之宏大。从其寺庵整体分布空间序列来看，作为鸡足山门户的拈花寺和接待寺依附着沙址村等村落民居，分布于山麓；自拈花寺向北沿路约十里，至灵山一会坊，此坊既是鸡足山总坊，也是入山的起始点。

从垂直高程上看，众多寺庵基本分布在天柱山华首门之下。华首门位于天柱山四观峰南侧，自山顶直下，岩如平劈，高数百仞，广且数倍，岩壁有痕，内剜厥状，如门双阙，宛然上檐飞突丈余，周回隆起，阛扉对掩中裂一隙，相传为迦叶尊者入定之门。华首门对于迦叶道场鸡足山的重要性不言而喻，凡远道而来朝圣鸡足山之人都会到此。华首门之上即为天柱山顶罗城。鸡足山总体寺庵分布序列由低到高即如此（图 5–93）。

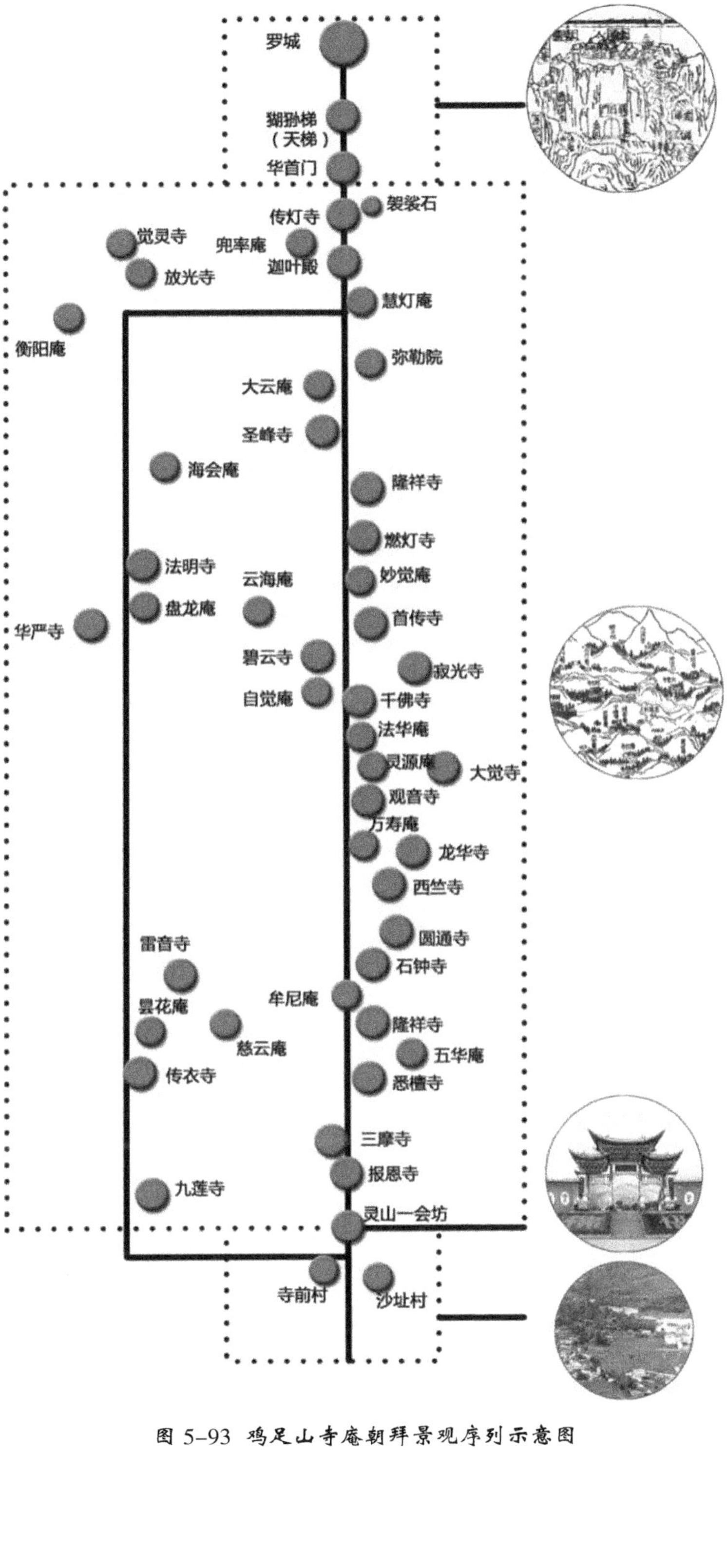

图 5–93 鸡足山寺庵朝拜景观序列示意图

5.3.2.2 鸡足山“三界三境”空间体现

明代高僧大错于天柱山顶南观佛光有云：“白光弥漫，映若牟尼，周匝三界，普照四围；笼山河之影像，映大地于琉璃；时径寸而千里，现芥子之须弥。”明代宪副谢肇淛也有赞悉檀寺载：“三界百祇，率龙象而拜舞；千峰万壑，随嵩华以欢呼。”此中“三界”为大乘佛教三界空间观之欲界、色界、无色界。

鸡足山寺庵空间分布即可体现出佛教的三界空间观。村落民居均建于山麓平地处，代表欲界之芸芸众生。坊在佛教寺庵中有山门、门之意，至灵山一会牌坊，入鸡足山之境，过灵山一会坊即进入栖禅修定的第二境界之色界。山麓未到灵山一会坊不远处沙址河山建有洗心桥。“洗心”暗喻即将进入净土无欲色界之前，先荡涤心灵，净除心中一切尘垢，怀以清净、放下、自在、慈悲之心进入灵山佛地。所以可以看出，山上寺庵、静室大多分布于华首门之下，佛子在此色界中，无财、食等欲，栖禅隐修，有的甚至在山险陡峭、幽深静僻的崖壁岩洞间筑室苦修几十年，反映了修行人放下欲望、一心修禅入定、得成正果的决心。

华首门一带至天柱山顶即可寓意为佛教三界中的无色界。前文有陈述过，此界的众生状态如昏睡一样，安住在“定”中，毫不动摇。这种状态正是传说中的迦叶尊者携佛陀袈裟入定华首门中，等着弥勒佛降世的状态。

塔，这一建筑形态在宇宙论中具备通天柱的意象。又华首门所处的鸡足山正峰最高仰插青汉名天柱山，山顶建放光塔并筑城绕之。可见，此处所言之“天”并不是凡夫众生之“天”，而是指佛教中的最高“天”——极乐世界。山顶由于受气温、海拔等条件影响，常有云飞雾腾、日光变幻、楼台迷失之景，使人们在体验过程中有更丰富更强烈的极乐圣境之心理感受。

综上所述，鸡足山从入山之始，如此层层渐高的感官视觉和景观意境，凸显了佛教的修行次序和境界，佛教义于无形中理尽于这错落有致的空间格局中。

5.4 巧于因借，得景意匠

明代造园家计成在《园冶·借景》中明确提出借景乃林园之最要者也。清代精通造园的学者李渔在其著作《一家言》中也强调了造园中取景在借的道理。借，有凭借之意，其中心内容是精于利用地异得到合宜的景式。也就是我国传统园林中极为讲究的布局要法“巧于因借”，这种方式堪称造景的精髓，在鸡足山寺庵园林环境营造中得到了很好的体现，此亦即山中寺庵造景之要法所在。

5.4.1 因高借远

金顶寺位于鸡足山中峰四观峰之顶，海拔 3248 m，为鸡足全山的最高点。登临绝顶，极目四望，方圆数百里，山岭起伏，烟村如画，令人心驰神往。寺址之四观峰顶平正如舒掌，可见如此局促而有限之地对于园林造景自是困难，但金顶寺凭其特殊的地理条件，修筑罗城，四面各建门楼，取名为四观楼；又建景星亭和善雨亭等观景建筑，东观日出，西观洱海，南观祥云，北观玉龙雪山，因高借远，广纳自然之景（图 5–94）。与之相同借景理法如尊胜塔院在西部山巅，乃鸡足左峰尽处，回顾一山，寺院林立，俨然一幅天然图画。位于鸡足中峰的传灯寺、迦叶殿等寺庵也因其高拔而借远处山峦景观营景（图 5–95）。

图 5–94 金顶寺借远示意图

图 5–95 传灯寺远眺

5.4.1.1 遥峰雪灿

鸡足山西与大理点苍山相对，北与丽江玉龙雪山相望。点苍山横列十九峰，山势雄伟，挺拔峻峭，各峰海拔均在 3000 m 以上，主峰海拔达 4122 m，山顶终年积雪，烟云缭绕。如此奇景，近处反不能见，而鸡足山绝顶金顶寺正是观赏苍山积雪的最佳处。西望点苍，巍巍十九峰白雪皑皑，上银下翠，云封雾锁，亘横如屏，直插天表，景色四时不同。清朱昂赞美此景，苍峦叠翠，玉带系腰，于金顶寺观此景象，仿佛其为鸡足山之画屏。临巅北眺，数百里外，又一山如屏连绵起伏横亘霄际，雪贯四时，仿佛一条玉龙静卧在磅礴起伏的崇山峻岭之上，玉峰莹洁，一尘不染，阳光照耀，皑皑放光，灿目耀眼，此为丽江玉龙雪山，与鸡足山虽相距数百里，却似近在咫尺。西北雪山白雪皑皑，鸡足山林海苍苍，苍白相衬，对比强烈，游人驻足此处，置身于此景致，无不备加赞赏。

5.4.1.2 洱海回岚

洱海位于苍山东，鸡足山西，静卧万山群壑之间，湖水碧蓝如玉，明丽如镜，烟波浩渺的洱海与挺秀的苍山相映成趣，如诗如画。于峰巅金顶寺，移目西眺，万山回合，下视洱海，如在衽席间。站在金顶寺遥望，波光粼粼，烟岚映带，点苍山顶白雪皑皑，洱海水面帆影点点，山水相映构成一幅壮美的苍洱大观图。此景不可名状，唯有鸡足山顶峰全收其盛。

5.4.2 俯仰互借

鸡足山地势复杂多变，凸凹有致，在群山环绕的寺庵中，俯仰互借也是鸡足山寺庵环境营建的一种手法。较典型的即为山腰中寺庵与绝顶金顶寺之间的俯仰互借（图 5–96）。鸡足山主峰海拔 3248 千米，顶垂云霞之表，远近观瞻，状如天柱。从主峰金顶寺下华首门处仰观之，直至峰顶，直削而上。俯视崖下，陡绝眩目，深不可知。从放光寺仰视华首门，仿佛在天际。从金顶寺可俯借放光寺等寺庵，游人如豆粒、连抱之树有若荠然的趣味景观；而从放光寺可仰借山顶崖壁直削、高广天际的自然景观。同样，于华严寺遥望金顶，又得花摇云飞、宝塔高悬天际之景（图 5–97 ~ 图 5–101）。

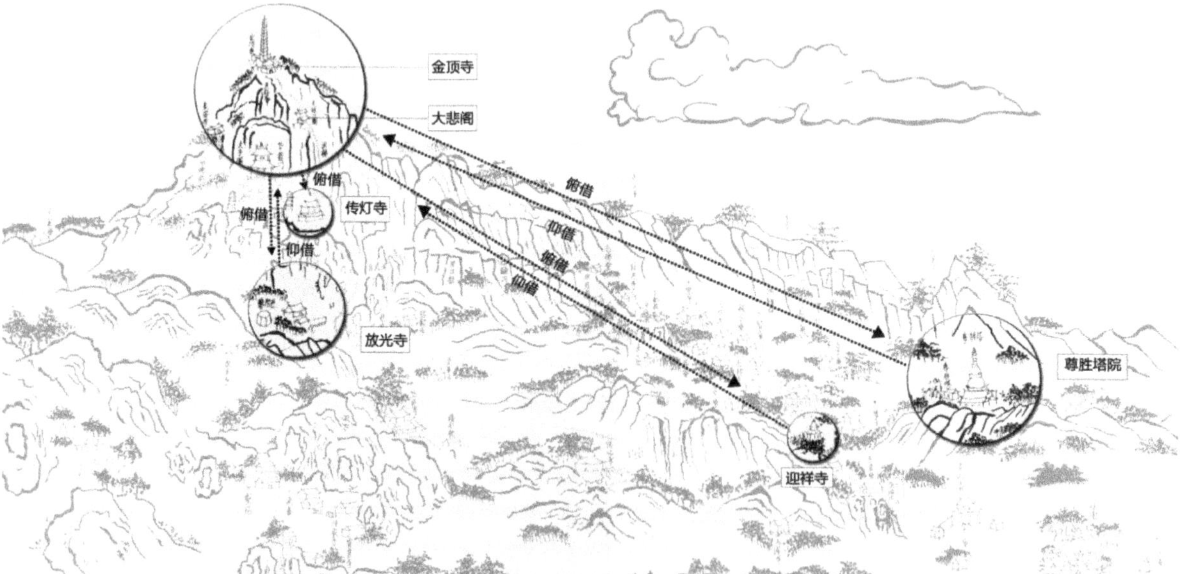

图 5–96 典型寺庵俯仰互借示意图

图 5–97 大悲阁俯眺示意图

图 5–98 大悲阁俯眺传灯寺

图 5-99 传灯寺俯眺放光寺

图 5-100 放光寺仰借金顶寺及华首门

图 5–101 迎祥寺仰借金顶寺

5.4.3 氤氲借云

清汤贻汾《画筌析览・论时景》有云："春夏秋冬，早暮昼夜，时之不同者也；风雨雪月，烟雾云霞，景之不同者也。景则由时而现，时则因景可知。"气候与天象构成气象景观。

鸡足山山高峰奇，云雾氤氲，地势和气象变幻莫测，多有寺庵借此高山奇幻的景象，以云海雾氲为构景要素，形成独特而少见的寺庵园林环境景观。如夏秋之间，天气明爽，白云常布满空界，恍如银海玉地。于中峰之中的金顶寺、传灯寺、迦叶殿等寺南眺，百里山川，岗峦起伏，云海连绵。云景时聚时散，变化多端，时如鹅毛，轻轻飘荡于远近峰峦；时如繁星点缀天穹；时如波涛，汹涌澎湃；时如帆船，漂来荡去……此云景姿态万千，因时而不同。

于清晨观览，深山密林间云雾出岫，初如拉丝，不断地升起漂浮，继而越聚越浓，弥漫开去。一时间，山遮林隐，云海茫茫，如雪绒铺地，无边无涯，只剩几座黛色的山峰浮在银海玉地之上。山风乍起时，云涛起伏，云海时开时合，山峰忽隐忽现，或翠峰裹絮，或玉带缠腰，风云变幻，显得迷离缥缈，妙不可言。到正午览景，千姿百态的云涛雾浪渐消渐散，薄薄的云雾沿山脚向山脊漂浮，丝丝缕缕、源源不断地升腾，缠绕林间古藤，掠过崖旁涧边，在游人身边缠来绕去，依依留恋，灵性的云、空明的雾，不断地沿谷底涧边来，向岩头崖顶飞去，形成游雾走山冈的奇景。再到下午，夕阳西下，阳光透过云层斜照，有如彩绢的云霞放射出夺目的光芒，渐渐地光芒褪去，山岚弥漫，在余韵依依的霞光里，山峦、古寺若隐若现、忽明忽暗，突显空灵、静谧之境，得夕晖映古寺之景。此云观景象犹以“银海浮空山”“游雾走山冈”“夕晖映古寺”的“一日云三变”为世人称道（图 5-102、图 5-103）。

图 5-102 氤氲借云（图片来源：网络）

图 5-103 云海晴光意象图

5.4.4 览胜借日

5.4.4.1 黎明涌日

鸡足山垂直高差大，立体气候特征显著，具有一山三带的气候特征，其中尤以温凉潮湿的亚高山气候带为特色。由于海拔高，此带终年云雾缭绕，气候潮湿，当空气湿度达到特定程度时，阳光发生折射，产生所谓“佛光瑞影”的自然景象。这种具有明显宗教意象的景观自然成为寺庵借景的主要对象。如金顶寺四观之首的东观日出之景，站在睹光台上，凌晨之时，注目东方，天际渐白，晨星寥落；继之，泛出橘黄，云表镶上一道金边；接着，一轮红日在绚丽的彩霞簇拥下，从云锦彩带中缓缓而出，鲜艳而不刺目，温馨又娇媚。整个天空红光流焰，云拥霓旌，千霞绚烂。环顾金顶云飞塔移，香雾袅袅，金殿光芒四射，宛若仙山琼阁。继而，红光泛白，彩霞隐退，千山万壑都沐浴在灿烂的阳光中。

传灯寺倚崖朝东，借“黎明涌日”之景象吸引游客驻足。相传东方未白之时，太阳红光如火焰，山下万壑，云铺若银海；赤霞似焰万道，从银海中跃出，方血痕一线，一弹指间满半轮（图 5-104）。而当此日出之时，火焰光芒映射在潭、池中，金光粼粼，临潭、池等寺庵则借此营景。

图 5-104 黎明涌日

以此景象而名的放光寺，后负绝壁，上为华首门。每年七八月，佛光先起于此。见放光四五十度，初见兜罗绵云，平铺如玉地，大圆光倚其上，外晕七重，每重五色，环中虚明如镜，观者各见己身现于镜中，毛发可数，举手动足，影亦如之，旁人即并立不能相见，所谓摄身光。稍许，光渐渐消散，风起壑中，云气散尽，林峦改色，鲜妍夺目，复出一光，若大虹霓，圆莹如水晶，此光所谓佛现。

5.4.4.2 岩日流丹

夕阳之光又迥于黎明之光。每当夕阳西下，静观罗汉壁到九重崖20多里悬崖，但见夕晖返照，霞光万道，层林尽染，光华琉璃，石壁红紫万状，如列霞绡；树木千霞助彩，金赤斑斓，崖壁尽赤，犹如赤城。霞光万道明天壁之景如佛经上的琉璃光明世界，形成鸡足山又一奇观。而百余所静室、庵院正处于罗汉壁与九重崖上，夕晖笼罩，仿佛于琉璃世界之中。到日暮时，天柱峰挡住夕阳，寺庵谷壑悄然隐去，唯有罗汉壁、九重崖披着夕阳余晖，轮廓清晰，光影缤纷，瑰丽绚烂。明代大错题诗赞此景象有云："落日山根弄晚晴，流晖东壁转光明。岩润草木添颜色，疑是霞飞满赤城。"（图 5-105）而处于西顾山的尊胜塔院和迎祥寺一带诸寺庵则为饱览此奇景之佳处（图 5-106）。

图 5-105 罗汉壁岩日流丹意象图

图 5-106 岩日流丹借景示意图

可见，因日光独特的宗教意象，鸡足山寺庵借日光得景成为环境营建的主要手法。此种借景手法更是吸引了诸多游客前来欣赏，从而形成另一番独特的人文景观，如徐霞客评价道：“凭栏窗前，瞰星辰烨烨下垂，坞底火光远近纷挐，皆朝山者，彻夜荧然不绝，与瑶池月下，又一观矣。度除夕于万峰深处，此一宵胜人间千百宵。”

5.4.5 借瀑观势

山多瀑布，以玉龙瀑为最。玉龙瀑在牟尼庵之西，距迎祥寺不远，其源自仰高峡，峡中有巨崖，水自崖飞溅而下，急流千尺如崩涛，泡沫四射成烟雾，自对面望之有玉龙走潭之势。从前文选址中可看出寺庵相地选址有临水而建的特性，自然景观优良的溪涧瀑潭等水体处更是僧众修禅建寺的绝佳场所。鸡足山有大小瀑布十余处，其中玉龙瀑布落差最大，悬流千尺，飞珠溅玉，崩涛舞雪，云盘雾绕，犹如玉龙凌渊，轰然如雷，自天而落，玉龙瀑布因此得名。冬春时节，泉挂崖壁如珠帘，似白练，宛玉龙。泉水终年不断，林幽泉清，声响翠微，风景绝佳。夏秋雨季，水势澎湃，更为壮观（图 5-107）。

玉龙瀑布在迎祥寺西南 500 m 左右，岭上建有玉龙阁，树密林深。面对解脱坡，坡上有观瀑亭，此亭享有观瀑之最佳视角。牟尼庵正建于解脱坡旁，寺僧、游人来山必到此亭，一览飞瀑美景。入玉龙阁以观，弘敞四达，可以观瀑之来脉；出阁以观，瑟瑟淙淙，朱藤绿树，金碧与素流映发，可以观瀑之往所。清代高奣映曾憩牟尼庵，观此瀑溯自仰高峡，指计华严诸水，奔涛舞雪，涌翠凌苍，均汇于此也，乃忽斧凿天开。自古智者乐水，不以瀑观瀑，颇有禅意，传达修禅之人，善借自然山水悟道之风（图 5-108）。

图 5-107 玉龙瀑布宛如穿云

图 5-108 牟尼庵观瀑意象图

5.4.6 倚崖借绿

庄子有云："受命于天，松柏独正。" 鸡足山盛产青松，名云南松，数量不下百千万株，凌峰填壑，吟阜吹山；人游其下，四翳绿天。其古松连绵，松荫幽映，自麓至巅，尤其是万松岭一带，林壑深邃，蓊蓊郁郁。于此壮丽之景，徐元圭有"不知身在翠微里，疑泛虚舟碧海中"之句。僧人妙谦则有"奔腾澎湃在虚空，却讶深山波浪涌。坐久始知音响异，松头谡谡度长风"之诗。而位于中峰危崖的传灯寺正是观此美景的最佳之处，此广袤而壮丽的万壑松涛之景与寺内窄深庭院形成了鲜明的对比，一旷一奥，一放一收，正是此寺环境营造的主要手法（图 5-109）。

图 5-109 万壑松涛

5.4.7 塔凝空月

日月光感不同，景象亦有不同。袁宏道《晚游六桥待月记》中有云："月景尤不可言，花态柳情，山容水态，别有一种趣味。" 在中国古典园林中，古人常借月构景，如以月景取胜的西湖十景中的"平湖秋月"，通过秋月之圆满与湖水之平展形成圆与线的对比，构成独特的自然景象。

5.4.7.1 借月营境

月之清凉、空灵也常常成为宗教景观品题对象，鸡足山寺庵园林环境营建中最精妙之处当属建塔借月以造景手法，最著名的当为尊胜塔院的“塔凝空月”之景。在文笔山尊胜塔院内建有藏式白塔一座，名为尊胜塔，四围回廊四十间，制构精宏，远近瞻仰。每当秋夜皓月当空，山空夜静，银光清辉洒于塔院，廊庑清幽，宝塔堪乃濯魄冰壶，寂静空灵，虚无沉稳，仿入清凉国土。而在其他寺庵夜间观塔，则寒青万点，若远若近之间，环映塔峰高插。对此空灵之景象，高奣映高度赞叹其中倏无人境，山之松风梵呗，霜钟露磬，皆起人以遗世之想；坐寂其间，玩月之心，忘乎月转乃在塔；看塔之音，不在塔而转恣艳乎其月，二而一之。可见，皎洁如玉的白塔恰与清凉银白的月光呼应，达到了鲜丽端崇、迥绝凡境的意境（图 5-110）。

图 5-110 塔凝空月

5.4.7.2 塔月互映

尊胜塔也称无影塔，每年农历七月十五，尊胜塔与天柱峰顶金顶寺塔遥遥相映，当月亮移到金顶寺塔西面时，圆月、金顶寺塔、尊胜塔连成一线，此时的月光即被金顶寺塔挡住，四周山林沉隐于黑暗之中，唯有西天一轮满月衬托着雄伟的金顶寺塔高悬天际，整个天空只剩下一幅精美的月塔剪影；塔月互映，月圆塔明，宛如置身虚空。而金顶寺塔影里的尊胜塔却明而无影，形成了静妙而神奇的景观，因而成为鸡足山著名景观之一。可见古人对自然环境的观察和利用的精妙（图 5–111）。

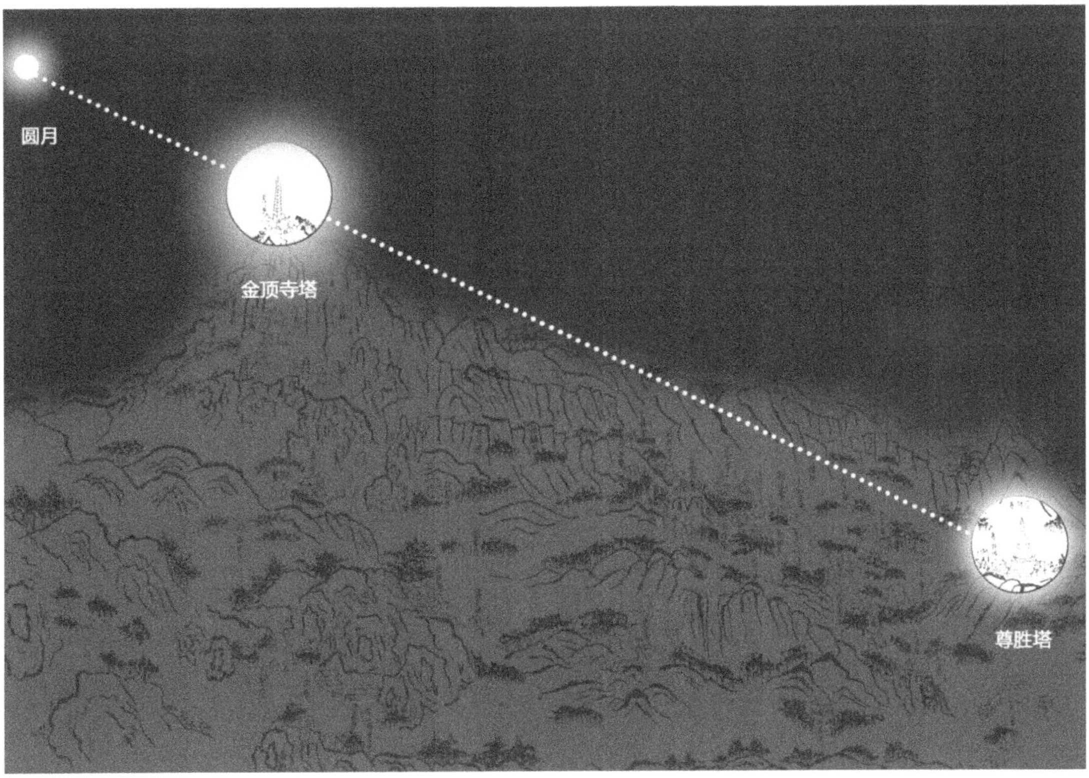

图 5–111 圆月、金顶寺塔、尊胜塔连成一线示意图

5.4.8 凭水借影

虽然鸡足山内无面积大而广敞的湖光水色，但是这并未成为寺庵借影造景手法的阻碍，反而其因地制宜，临潭池借塔影，于幽深的小水面中远借高处金顶寺塔的倒影，从而增添了许多神秘的意境。如悉檀寺前有大龙潭，潭水静碧无波，清可见底，水边绿草如茵，天高云淡时，潭水能映出远在鸡足山绝顶的高塔。又如熊罴冈下临涧而建的华严寺，涧上建有青龙桥，桥下正为一滩清泉澄澈如镜，名宝华池，萍藻轻浮，涟漪微泛，池边流水潺潺，高树古藤，鸟鸣啁啾，一派古林幽深之境。

与池相隔遥遥十余里的金顶寺宝塔，夜晚月朗星稀，塔恰好倒映池中，清晰无比。山高月小、寒潭如镜，塔影却如此清晰之妙境，令人叹为观止。夜晚塔影映照，周边繁星闪烁，钟声悠然，仿佛落入佛国梵境。如此相同的造景意象又见白云居的“天池倒影”。天池在白云居门外，远四观峰二十余里，又且丹卉茂密，绿树丛生。池明如镜，能倒映二十里以外峰巅殿阁于此池之内，成为鸡足山一奇景（图 5–112）。

图 5–112 白云居凭水借影意象图

5.4.9 筑桥听鸣

鸡足山复杂丰富的地形条件形成了诸多自然水体，而山中僧众则多借用水体的特质借景造景，比如“筑桥听鸣”景观的营造。在灵山一会坊不远的葫芦洞中筑有石梁桥，周围有参天古树、茅竹野花、嶙峋怪石，意境颇幽。身处此景中，耳听流水潺潺和鸟兽婉鸣，静观花木水流，品禅悟道，境界尤佳，妙不可言。正传达了“深山长廊留君坐，桥下溪水映心场”的禅道意境（图 5–113）。

图 5–113 筑桥听鸣意象图

5.4.10 借竹营境

在鸡足山的实地调查踏看中发现，鸡足山多处寺庵周围都被竹环绕，此竹长身衔云，千根万根密密麻麻地生长，干直节劲，色如青玉，叶似翠羽，当地人则称其为香笋竹。如石钟寺、传衣寺、牟尼庵等寺庵均掩映在竹林深处，清溪水在竹林里弯来绕去，雪白的仙鹤优雅地立于竹梢上，蜿蜒曲折的竹林小径，苍苔湿滑，幽静清凉，再加上佛寺缥缈的钟声萦回缠绕，营造出了安然清凉、远离凡尘的禅修妙境。鸡足山寺庵园林环境营建中尤其讲究借竹以营造梵接天风之境。但是山中竹林又不是平铺布置，可以说疏密不同，因此竹林密集的地方有可能就是寺庵建设之地，此景观现象可作为如今寻找寺庵遗迹的方法之一（图 5–114~图 5–116）。

图 5–114 开化庵竹林

图 5–115 雷音寺前竹林

图 5–116 大智庵竹林

5.5 植物营构

鸡足山地处滇西高原，最低海拔 1780 m，山顶海拔最高 3248 m，垂直高差大且立体气候特征显著，一山就可划分三个不同的垂直气候带，即干热河谷气候带、温暖湿润的山地气候带、温凉潮湿的亚高山气候带。如此独特的气候特征使鸡足山植被类型多样而丰富，泉水佳而草木茂盛，古树繁多，天然植被优良。

5.5.1 天然古树

因土脉肥、依山傍水，山中植被多为天然古林，自然野趣浓厚。山中多见松、杉、柏、椿、槐、棕、栎等土生土长且耐寒耐阴的地域性植物。其中以松见胜，品种繁多，据清代高奣映调查，满山翳绿，叶有两鬣、五鬣、七鬣之不同，三针、四针、五针之迥别，其磥砢盘耸，嫩者绿质光肥，老者紫鳞涩铁。可见，鸡足山之松以品类之胜，唯有老者见奇。山中古有著名的四友，即老友（谓传衣松）、奇友（谓华首门）、奥友（谓华藏洞）、清友（谓玉龙瀑布）。其中老友即指传衣寺前古松，昔人称千尺虬，枝虬蟠横，其奇在根，仅一二围，身则十数围；三柯斜出，蔽日干霄。山中寺僧多爱松之枯古之美，正是这种审美意象促使寺僧建寺立庵，基本遵循计成《园冶》中“多年树木，碍筑檐垣；让一步可以立根，则斫数桠不妨封顶”的原则，保留古树名木，尊重原有植物的生长状况和原有的生态平衡（图 5-117）。

鸡足山中水流丰富，水旁则多分布有杉类树木，松类经冬不凋，端直冲霄，其叶附枝生，大似苴机柏。而种类上多栽植“赤白”，唯有曹溪水侧栽有紫金杉，其纹左纽，灿若紫金色。除此之外，山中较有特色的树种为槐树，古者听讼于树下，其特色为花经寒气后与他处之色迥异。位于山中干热河谷气候带则有棕榈科植物分布，每枝若蒲葵之一扇，群枝散阴，大等车盖，枝下有皮围丝毛，错综宛如织缕。因种类形状有别，被称为栟榈、野棕等，尝被僧众、村民采为作帚、绳、蓑笠等生活用品，以供杂用。

除以上常绿乔木外，山中多分布有观花食果的树种。以食果为主的则为梧桐、李、桃、梅、杏、梨、核桃、樱桃、橘、橙、橄榄、椒等；以观花为主的则为牡丹、山茶、桂花、丁香、海棠、辛夷、木槿、蜡梅、杜鹃、蔷薇、芭蕉等，即有“鸟啼春昼万山中、乱落桃花碧涧红”之景。除此以外，与基调树种松相搭配，广泛分布的还有竹，如金竹、龙竹、水竹、苦竹、崖竹等多种。

图 5-117 黑栎古树

5.5.2 地域特色

适地适树是园林植物种植有关科学性与艺术性相统一的准则。鸡足山中诸多寺庵园林植物的选择和配置也以山中天然植物为主，适地适树，因地制宜。如华严寺的云南山茶，冬春时节，山寒水瘦，红花怒放，千花万蕊，殷红似火，灿若明霞，极为壮观；万寿庵左院有刺柏一株，莳石盆内，而亭亭如盖，蟠屈作龙拿，颇可观；尊胜塔院中修竹名花，掩映左右；至寂光寺，松际露月，池畔流烟；首传寺则多五色菊花，刺桐、丁香皆盛，又有茄莲花、狮尾兰等。可见其中观花观叶、常绿落叶树种相间搭配，景观较朴素，颜色运用上崇尚清淡典雅（图 5-118，表 5-3）。

除此之外，古树尤得寺僧之爱，遂多有寺庵建于古树处并保留其状，如传衣寺有枝虬蟠横的古松，锦云楼前有烂若锦云的茶树，迦叶殿门前有古干参天的祇陀松，大悲阁前有松枝摇曳若指挥然的如意松，慧灯庵有可供游山僧众坐卧其下以避风雨之三棵树，铜佛殿前有依岫凭崖虬屈各异的灵鹫松，金顶寺有西北跨壑连冈、叠翠平铺郁葱四十里之晒经松，等等。其独特而枯古之姿为游人所赞叹（图 5-119）。

图 5-118 华严寺古山茶树

表 5-3 鸡足山寺庵典型植物配置一览表

植物种名	俗名	地点	海拔	栽植年代	特征
高山栲	空心树	补处庵前	2200m	元代	中空有洞，树洞中曾有广西僧人居住修行，可架一张床，供一龛佛，支一口灶，还有空隙供游人休息小坐，为鸡足山树中之长
元江栲			2700m	元代	
冲天柏		石钟寺前		明代	鸡足山柏木之最
短叶罗汉松		石钟寺		明代	
大理罗汉松		传衣寺	2140m	明代	鸡足山罗汉松之最
梅		大觉寺	2360m	明代	鸡足山第一梅
柳杉		华严寺	2450m	清代	鸡足山柳杉之最
银杏		华严寺	2450m	清代	
五裂槭		华严寺		明代	鸡足山五裂槭之最
滇合欢		大士阁	1900m	明代	鸡足山滇合欢之最
板栗		沙址村		明代	有多处板栗林
云南梧桐	牟尼柏 / 三合柏	万寿庵前		清代	
		牟尼庵内	2280m		鸡足山僧侣视其为奇树
云南山茶		华严寺		清代	九心十八瓣和菊瓣
		慧灯庵后	2450m		九心十八瓣

续表

植物种名	俗名	地点	海拔	栽植年代	特征
小叶榕	毕钵罗树	九莲寺		不祥	常绿乔木
白玉兰		万寿庵		明代	鸡足山最大的白玉兰。花开晶莹如白玉，芬芳浓郁如兰，每年农历腊月、正月盛开，千朵万朵压枝头
紫玉兰	木莲花	迎祥寺、九莲寺、大觉寺			花朵紫红鲜艳，妩媚圣洁，芳气袭人
杜鹃	映山红				有常绿及落叶灌木两种，遍生山中，盛开时争奇斗艳，红紫缤纷，绵延不断，犹如花廊

来源：结合实地调查和宾川县志编纂委员会《鸡足山志》（2012 年）整理。

图 5–119 寺庵古松环绕意象图

5.5.3 生活需求

鸡足山寺庵田产均分布于山麓，上下山交通不便，由此寺庵内及周边的植物种类倾向于能够满足生活需求。许多寺庵被竹林环绕，竹子除了可以塑造幽奥静谧的意境外，竹笋还具有食用功能，不仅能充饥，而且是鲜清味美之佳品。

棕类植物棕毛错综宛如织缕，山中寺僧常于二旬之时，割下棕上丝毛，织之可为绳，合片缝之可作蓑笠，其为器用者甚广，其木可镟作器，作钟杵，耐捶。野棕可以缚而作帚。又如杉类植物，滇僧收其子秧盈田，至尺许移至盆中，常以赠远，以栽植则易大成荫作材。

5.5.4 居游功能

鸡足山寺庵僧众不仅利用植物制作生活器具、食用充饥，同时也以树为室而居。如补处庵前的元代高山栲，范承勋在《鸡足山志》中提到其高百余尺、大可数围，中分两开，内空有树洞，可架一张床，供一龛佛，支一口灶，还有空隙供游人休息小坐，即有广西老僧尝止静于此，居住修行（图 5–120）。又如传衣寺前古松，躯干极伟，粗二十围，一丈二尺之上，左右各分一大干，后又出一小干，枝干细处亦且数围，横拿倒攫，屈曲魁诘，非特画工难到，亦意想所不能及，似造物者，有施设于其间。又如西竺寺后有树大数十围，上可结巢为居。慧灯庵有树三株列如品字，质古心空，尝有游山僧众坐卧其下，以辟风雨。

除此之外，禅僧也多利用古树盘错枝丫，在其上参禅游玩，如鸡足山较著名的“古岸椿盘”景观。在华藏洞一里许潭旁有大椿二株，一直立潭北，一斜倚其东。潭北椿大二十围，东岸者信之，其枝多横斜，荫覆潭上，最下一小枝，上可踞二十人；其大者则横空参天，未易揣量，树根回裹。盘根错节的古树形成了天然的池岸，其上茑萝飘扬，不仅景观效果显著，而且提供了游赏功能，因此山中僧侣多于此斛酒斗茶，以相枕藉，不觉踞树枝。鸡足山植物如此居游意象与唐代《文苑图》有异曲同工之妙（图 5–121）。

5.5.5 宗教意象

鸡足山寺庵园林植物经营重视其宗教意象，喜用具有佛教寓意、符合禅宗审美的植物，包括松、柏、竹、梧桐、玉兰、芭蕉等。虽然柏树在山中分布较少，但是却深得寺僧喜爱，因为其纹理如菩萨、祥云等，宗教寓意明显，且树木中独有柏向西生长，有如修行之人，一心向往西方极乐世界。

莲花是典型的佛教植物，是圣洁和净土的象征，指修行者达到身心一尘不染、轻松悟道，进入超凡脱俗的解脱境界。而鸡足山上有一种开在树上的莲花，俗称木莲花。九莲寺和迎祥寺一带广植木莲花，寺内也多处栽植，也许九莲寺之名即由此得来。

与莲花同有圣洁之寓意的佛教植物又如玉兰，山中寺庵多种有玉兰，长达百年之久。竹子和芭蕉为外实内空，则具有佛教中五蕴皆空之寓意。树种的命名也突显了植物的宗教寓意，如迦叶殿的祇陀松；大悲阁的如意松；华首门的弹指松；金华庵的晒经松等。这些植物通过搭配形成了诸寺庵特色的植物景观。

图 5–120 空心古树

图 5-121 唐代文苑图

5.6 园林文化

在鸡足山的历史发展进程中，文人荟萃，名流聚集。历代均有文人、学者、儒士、僧道等圣贤来山，有的听经读书、精研佛理；有的访友探胜、赋诗著文；有的著书立说、修志补史；有的修建寺庵、悟道修心；有的隐居林崖、冥思苦修；有的题字献画、刻碑记胜，使鸡足山文化博大厚重，精彩纷呈。

鸡足山的寺庵园林文化实质上是与宗教文化融为一体，与人文、自然景观联系互补的，代代不衰的中国传统文化，这种文化是多元的、多维的，其源流和发展都与儒、释、道、本（即白族信仰的本主神教）的思想和精神紧密联系在一起，并深深汲取地方民族文化的营养，不断地充实完善。

5.6.1 多元文化融合

鸡足山寺庵园林文化中以佛教文化为主，同时也兼容并蓄了儒、道和白族本主文化（本书中简称“本”），四种文化融合补充，从而形成了鸡足山寺庵园林文化的发展与繁荣，乃使鸡足山成为佛教名山。这也正是基于鸡足山所处的特殊历史背景和文化要素而决定的。

5.6.1.1 本释融合

前面章节有探讨过，鸡足山中建寺立庵的僧人以白族人居多，并且鸡足山所处的大理洱海地区自古以来就是白族聚居之地。白族在元代以前主要信仰的是密宗阿吒力教，元代以后禅宗从内地向滇中大理地区传播，但是其信仰的仍以密宗为主导。

阿吒力教也称滇密，是印度原始佛教与云南本主巫教互相吸收融合而形成的、云南独有的佛教形式。白族本主文化最突出的即为本主崇拜，所谓本主，顾名思义就是“本境之主”或“本境土主”，也可称为土主，白语叫“武增”，即“我的主人”，是白族聚落祀奉的神祇总称，是各村落的守护神。白族人民相信本主掌管着本地区、本村寨居民的生死祸福，能保佑本境范围内风调雨顺、人畜平安。这些本主神大致包括自然神、英雄神和祖先神。自然神如太阳本主、石头本主、河神本主、龙王本主等；英雄神即圣贤本主，大多以真实的历史人物为原型，为本地的英雄豪杰；祖先神即南诏、大理国时期的显赫人物，王侯将相、文官武士等。供奉这些本主神的场所即为本主庙，白族人凡逢年过节或有红白喜事都要到本主庙叩拜。

通过对鸡足山的寺庵园林环境探析发现，山中寺庵也夹杂着土主庙的建筑，并流传着许多与山水景观有关的神话传说。山中土主庙或建于寺内，或依寺而建，而营建之人均为信仰佛教的僧众，如中支四观峰顶金顶寺藏经阁之后建有上土主庙；迦叶殿内有下土主庙；在悉檀寺左大龙潭上，僧释禅建有大龙王庙；在尊胜塔院之北，由僧道真建有小龙王庙。龙王即是白族自然神中的本主。从《鸡足山志》记载中可以看出，白族本主文化已与佛教的宗教文化融合，寺内既建有土主庙，亦供奉土主神。综上，鸡足山寺庵园林文化中体现了白族本主文化和佛教文化的融合。

5.6.1.2 儒释融合

白族信仰的佛教在大理国时期还有一个突出的文化趋向为儒佛融合，释儒与儒释就是这种融合的标志。儒释以释为主，参读儒书，即为懂得儒理的佛教徒。而释儒则以儒为主，以释为辅，即出入佛寺的儒生。这些儒释和释儒既修身出世又修学从政，集儒、佛于一身。白族中所信仰的佛教又已融合了儒家的思想和文化，举凡信佛者，只要识字，必读儒书；凡熟读儒书者又大多信佛。这种儒与释融合的情况不仅表现在大理国的官员身上，还体现在统治者身上，大理国历代国王中有名为思平、思良、素贞、思廉者，有年号为文德、明圣、圣明者，这些国王在位期间大多诵习儒书，同时对佛教信之笃深，有多位国王禅位为僧，皈依佛门。朝代更替，明朝对大理白族实行汉化政策，这一举措造成了大量白族大姓被迫隐居、迁移，由城镇迁到边远乡村；从坝区隐居到山区，而具有各种地理和环境优势的鸡足山遂成为白族人民最佳隐居之所，这一举措间接促进了鸡足山寺庵的发展与繁荣。由此可以看出，鸡足山佛教文化从初始以来就有儒家文化的积淀。

从《鸡足山志》等古籍资料可见，古代鸡足山寺庵建设者，一有佛教信徒之儒士，如明代建金顶寺之普光殿，又建传衣寺、放光寺、千佛寺，重修龙华寺、接待寺、传灯寺之李元阳；明代建金顶寺之观风阁之潘浚；明代建金顶寺之善雨亭，筑罗城，建四观楼之张凤翮；明代建悉檀寺之木增，等等；二有诸多儒家学者，李贽、杨慎、徐霞客等于此著书立说、谈禅修道；三有儒子学者之高僧，如圣峰寺的净月和尚、《鸡足山志》的纂修者大错和尚，著名书画家担当和尚等，他们亦释亦儒，出入山中或隐居山林，建寺立庵，著书立说，使鸡足山寺庵园林文化儒释互融，互相影响。

5.6.1.3 道释融合

《鸡足山志》记载，明代时金顶寺建有天一阁，前有灵官殿，后有土主殿，明显证实了山中佛、道、本三教信仰共存共荣。可见，鸡足山寺庵园林文化中又包含了典型的道教文化，并且两种文化也呈现互相包容而融合的情况，从其园林建筑营建中可窥知一二。如圣峰寺内有玉皇阁、镜光阁、观音殿，此中玉皇是道教奉祀的天帝，可见其道教意韵；碧云寺内建有玄天阁；仰高亭上建有真武阁；中峰中腰又建有三天门坊，一天门在华首门上猢狲梯上，二天门在金顶寺的普贤阁上，三天门则位于金顶寺之灵官殿侧。天门意指道教的修行之路。除此之外还有众多以道家文化命名的寺庵、静室，如虚白居、太清居、全真室、太玄庵、韬光室、问天处等。由此可见，道教文化已融于鸡足山寺庵中，与佛教文化共存共融。

鸡足山寺庵园林文化由多种文化相融而成，各个信仰之间没有任何冲突，互相接纳、包容，如此博大的宗教情怀和民族情怀造就了其儒、释、道、本多元信仰于一体文化格局。

5.6.2 运营审美

5.6.2.1 “乐林泉”之美

林泉乃山水。智者乐水，仁者乐山，古人有着浓厚的山水情结，这种审美文化渗透在鸡足山园林环境意境中。山中高隐禅僧乐于在山水林泉中体悟自然，澄观内心。这种审美思想表现在鸡足山寺庵的选址上，枕清泉、倚青峰而筑屋。谢肇淛、释学蕴等学者，多有诗词描述其在鸡足山与林泉山水为伴，于自然变化中参禅悟道。面对着大自然的山水林泉，修禅之人在有形的物质和无形的内心中冥思，探索着人生与宇宙奥秘，从而远离凡尘、超越世俗，在这种旷达的心境中摒弃一切繁余与浮华，澄观内心，认为只要内心足够静，就能觉察到一切动之生命，最终达到内外合一的境界。以这样的感悟和哲思而选择在自然山水林泉中禅栖修行自是再适合不过的。

5.6.2.2 “至虚通”之美

虚通主要以寂为旨归，即通过空观的纯心灵境界，达到对时空界限的某种超越，捕捉到空间上的虚无与时间上的静寂，并最终获得对自由的体验与满足。基于这种思想文化的主导，山中修禅之人便将大自然万籁俱寂的静态当作证得佛性的最佳环境，或借自然景象、景物以营造静寂空灵之境，将内心的静寂状态当作进入涅槃的方式途径，在寂中抛弃烦恼障碍；寂中观照自心与佛性直现；在寂中认清事物的本来面目；在寂中刹那顿悟、证得涅槃；在寂中获得永恒之寂。

在鸡足山寺庵园林环境中，这种静寂虚通的审美意境体现在钵盂庵的“灯影明虚殿，松阴冷日床”；石钟寺的“白云清籁寂，明月夜光浮”；西竺寺的“松声谡谡临虚殿，竹影肃肃转曲廊”；片云居的“萝密藏秋月，山深护梵书”；放光寺的“深山寂无人，树石俱清幽，独坐盘石上，淡淡一何求”“俯观飞鸟没，仰睇白日浮。耳目静以适，身世等虚舟”；悉檀寺的“竹密犹闻磬，岚深不见山，潭清云影细，树静鸟声闲”；水月庵的“曲水当门涵片月，乱云穿牖荫青莎”“睡鹤残灯梦影迟，秋山幽寂称吟诗。危峰势缺云笼屋，古树枝稀月满池”；尊胜塔院的“摩苍一笔插琼楼，万籁无声写素秋，玉碾太清梯折桂，冰凝寒夜控虚舟”。

古人借青灯、借浮云、借冷月、借深山、借清潭、借鸟鸣、借光影、借白塔等或静或动之物营造或烘托静谧之境，从而焕发出清寂虚通之美。在自然而然的寂境中，从自心世界彻底抛弃荣辱、生死、尘俗情感、烦恼等，而体认到佛教涅槃境界的寂灭虚空与悄然绽放的妙有之美。

5.6.2.3 以香为美

《韩非子・扬权》有云：“夫香美脆味，厚酒肥肉，甘口而疾形。”《楚辞・九叹》：“干棠枯手丰草兮，藜棘树于中庭。”王逸注：“甘棠者，香美之木。”“香美”运用在中国古代典籍中很普遍，可见，在中国古人审美中，“香”也是一种美。鸡足山的寺庵园林常常与“香”

结缘。如山中寺庵常被称为香林、香刹、香城，悉檀寺大殿匾额上即题有“香满化城”，蔡毓荣又题额“兜率香林”；山中香烟缭绕有如云形，则称其为香云，于是有石钟寺阁之“凌霄梵阁群峰拱，遍界香云匝地来”。与此同理的还有香室、香风、香花、香树等，遂有“拈香室外语初来，拈香室内黄菊开，细雨着花香散室，日光射雨将香催”之景，“香风袅袅，缥缈南天，共登满月香林”之境。

5.7 八寺解析

5.7.1 石钟寺

高奣映等在《鸡足山志》中提到，寺名石钟者，阁之左右有澄潭，上悬崖石，叩之如钟鸣，故以名寺。石钟寺为鸡足山最早的古寺之一。《鸡足山志》记载寺初创于唐代，而从史料记载看，明代永乐、正统间敕赐大少林寺僧了通、了晓重建石钟寺；后到康熙庚戌年僧洪舒等重建寺中殿，辛未年高奣映建殿前弥勒楼阁。

5.7.1.1 择址与择胜

1. 择址

从大景域空间择址来看，石钟寺位于鸡足山中支尽处，处于山腰位置，乃一山总会处。背靠仙鹤山，左有满月山，右有象头山、钵盂山，前对鸡足左支山脉向南转之余脉山峦，四面山峦环抱围合，形成深邃隐蔽的幽奥空间。寺内溪涧流向东部，于地势低及陡削崖壁处汇聚，围绕钵盂山转而向南形成瀑布流向南部山麓。此溪涧豁口的外延相当于水口，使部分空间呈现开旷的效果。石钟寺作为空间焦点藏而少露，建筑之藏强调环境之奥，突显含蓄蕴藉的禅林意境，正如明代冯时可描述，至石钟寺，冈连陇凑，包孕重重，古树参天，葱菁峭倩，郁然无际。

从小景域空间择址来看，石钟寺建筑坐西北朝东南，位于山间缓坡平地处，左、右、后三面山峦围合成幽奥的环境空间；山势后高前低，后陡前缓，展现开阔视野，于幽奥中展现局部的旷朗，既是对外的出入孔道，又能引来东南季风以改善局部的小气候条件。

2. 择胜

石钟寺被松林环绕，左有壑涧流过，犹如释大错在《石钟寺》中所写万松影里佛光回、百尺飞泉绝壑开之境。寺东数百步，有黑龙潭，水涓涓从葑田中流出，树隐藤萝，鸟鸣山幽。

5.7.1.2 建筑营建

石钟寺是古代鸡足山寺庵中建筑群最大、最完整的佛寺，寺前有大照壁一座，门外置有石雕狮子一对，大门工艺精湛，飞檐翘角，凌空欲飞；梁柱斗拱，雕刻龙凤，花纹细致。寺院内建筑呈对称院落式布局，条理井然，纵向为三院，横向也有三院；坐西北朝东南，沿主轴线依次分布有照壁、山门、天王殿、弥勒殿、大雄宝殿、雨花台、石钟阁。天王殿和弥勒殿之间建有钟楼和鼓楼。大雄宝殿两厢有四堂，即斋堂、禅堂、法堂、闻修堂；东厢后有方丈室和幽静的院落，西厢后有静室四座；大殿后为讲经受戒的雨花台和贮藏经的石钟阁（图 5–122）。

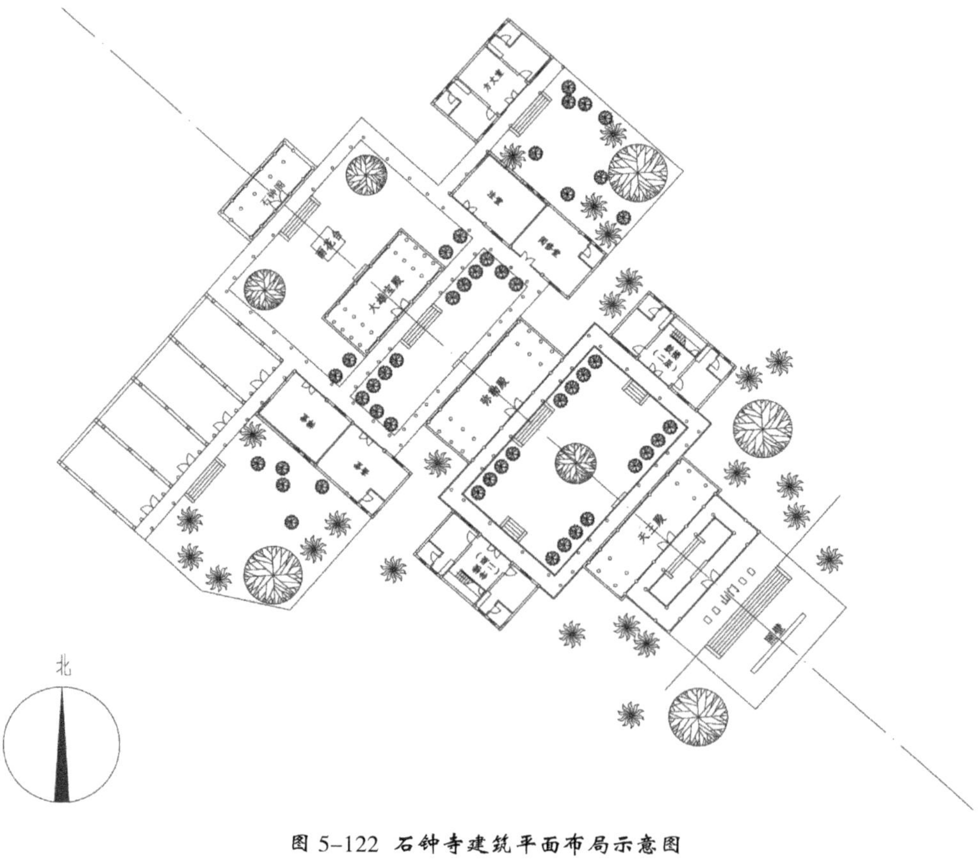

图 5–122 石钟寺建筑平面布局示意图

5.7.1.3 园林造景

石钟寺左有赤龙潭。树木以松柏为主，如寺左原有明代短叶罗汉松一株，树下雕有一石龟，以表明寺僧对罗汉松的青睐（图 5–123）。另外，石钟寺又栽植桂花、玉兰、黄杨、蔷薇、竹等观花观叶的乡土植物来造景或分隔空间。

图 5–123 石钟寺石神龟遗址

5.7.2 迦叶殿

迦叶殿为鸡足山开山古刹，始创于元代，明初即有人于此结庵。

5.7.2.1 择址与择胜

1. 择址

迦叶殿选址于中峰天柱山腰，登绝顶悬崖之半，为西南支发脉者。整体处于鸡足山较为陡峭的地段，山益峻，登益陡，游人至此，骑者止，徒行者息，饥者待餔，渴者求浆。背靠插屏山麓；左为绝壁深谷，悬泉百道；右有崖壁围合，总体地貌环境围合度较小，具有两面开阔的视野，所形成的自然空间以旷景为主，奥景为辅（图 5–124）。

图 5–124 迦叶殿鸟瞰图

2. 择胜

整个佛寺仿佛挂在天柱山腰，点景效果显著；作为空间焦点，寺后插屏山衬托，周围古树参天，环境清幽，建筑融于一片浓荫之中，呈现出总体显露、局部隐藏的格局。于此处俯瞰山峦，视野开阔，下视诸山及州城，葐蒀晻霭，诸溪如练，萦青缭白，眺望甚适；远看旭日东升、朗月生辉；近看古树苍虬、林海茫茫，犹如一幅幅天然图画。

寺东有九子龙王溪流过，其源甚高，漩洑涌起，与三献水合，下注梅檀诸溪，冯时可在《鸡足山记》曾提到，山傍多古树，轮囷离奇，其枝干上纵若虬龙，下蟠若蟒虺交触，若相搏相噬，风叶簌簌，与鸣泉相应。

5.7.2.2 建筑营建

据李元阳的《袈裟寺记》记载，迦叶殿因院在半山，每当信众朝圣华首门，游人至此，骑者止，徒行者息，饥者待爨，渴者须汤，然崖倾屋狭，置炊无所容，颇病之；郡守阿君捐资，凿崖拓地为殿，为楼，为门堂，为厨湢，置陶甓作旨，蓄出以御客，于是宾至如归，游者日以众。可见此寺依游客之需而建，成为游客休息、赏景的重要地点，因此建筑功能侧重赏景和生活，如楼、厨湢等建筑出现。《鸡足山志》记载，顺治年间于寺内修建天咫楼，内贮藏经，其所处地势高，楼又三层，故名天咫楼；在迦叶殿前阁有范铜作塔，称为万佛塔，上铸万佛，以金银为饰，高二丈六尺，真妙胜庄严；迦叶殿旁又建有微笑阁，整体建筑群依山就势，建筑形式素朴典雅，萦绕着寺古香初静，酒酣韵未齐的意韵。

5.7.2.3 园林造景

迦叶殿以迦叶尊者之名而命名，寺内园林造景体现了禅者之风。寺西有传说迦叶尊者打坐石，巨石上平整如榻，可坐数十人，周围枫树环绕，遮阳挡雨，是迦叶殿内主体景观（图 5–125）。同时围绕打坐石也建有多个石制莲花形小品，形成室外的禅修空间和游览空间，具有禅坐和游赏功能（图 5–126）。

图 5–125 迦叶尊者打坐石

图 5–126 迦叶殿内园林景观

5.7.3 放光寺

5.7.3.1 择址与择胜

据李元阳的《放光寺记》记载，石门之下，时见光瑞，或圆相，或摄身，与五台、峨眉大都相似，余即其地建创精蓝，因字之曰放光焉。可见其寺因佛光胜景而吸引僧众于此建寺，并名曰放光。据说，每年七八月时，所谓佛光即先起于此。见兜罗绵云，缅平一白，宛如玉地，有大圆光倚玉地之上，外晕七重，每重五色，环中虚明如镜。观者各见自身现于镜中，毛发可数，动手动足，影亦如之。众人同上，各见己身，不见旁人，僧云“摄身光也。”有顷，光没风起。蜜中，云气散尽，林峦改色，鲜妍夺目。复出一光，如大虹霓，虹霓半缺，中有圆光，莹如水晶。

1. 择址

从大景域空间择址来看，放光寺倚壁参天，面山横案。放光寺南向，后倚琼楼山绝壁，前临盘壑，右以桃花箐为关，以鸡足山西支为左护，其地虽在三距之外，而实当绝顶之下，其址甚佳。其自然空间则以旷景为主，远眺丘壑，左右数十里，岭岫回合，溪涧叠映，林树丛杂，烟岚变幻，顷刻异状，目不周赏；不仅可远借山峦丘壑之景，也可上眺华首门，则见一削万仞，雄奇无比，仰借华首之奇险。

而从小景域空间择址来看，据李元阳的《放光寺记》，放光寺枕崇冈而列屏嶂，于绝壁下，背倚琼楼山，襟抱比密，风气翕藏，形成三面崖壁山峦环抱、南临盘壑的自然空间，则见诸刹皆在山之肩背，而放光独当胸臆之穴，为可嘉也，可见从小景域空间来看，构成旷中有奥的自然空间，形成“深山寂无人，树石俱清幽”之境（图 5–127）。

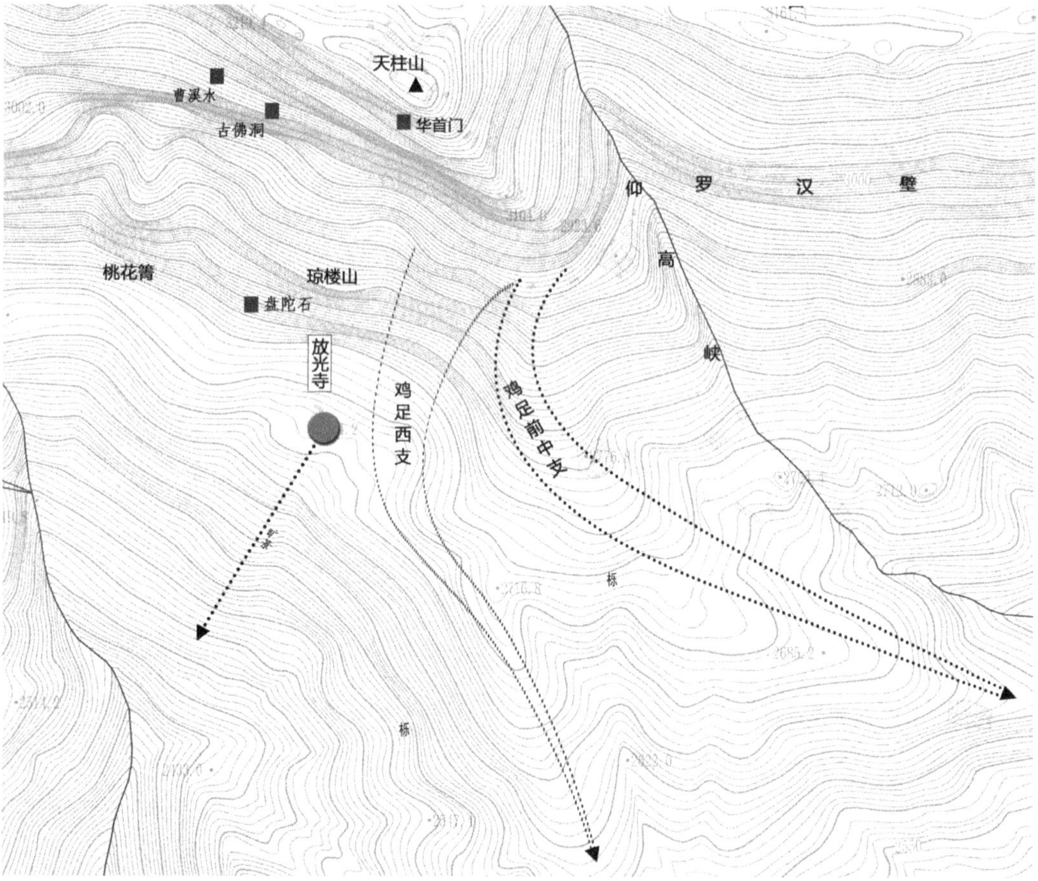

图 5–127 放光寺择址分析示意图

2. 择胜

放光寺经绝壁下，峭立通霄，从华首门俯瞰，见其寺沉沉直坠壑底，以为光从窅阒中上腾，乃鼯栖鼪伏之窟，及至而犹然在万壑盘拱之上，而上眺华首，则一削万仞，横拓甚阔。《徐霞客游记》记载，华首门与放光寺之间虽有翠纹烟缕，若绣痕然，疑无可披陟，孰知其上乃西自曹溪，东连铜佛殿，固自有凌云之路，横缘于华首之前。然当身历华首时，止仰上崖之穹崇，不觉下壁之峻拔，至是而上下又合为一幅，其巍廓又何如也？然则鸡山虽不乏层崖，如华首、罗汉、九重诸处，其境界固高，而雄杰之观，莫以逾此矣。可见放光寺身处层崖绝壁，雄杰之观，境界之高，堪称鸡足山之最。

5.7.3.2 建筑营建

放光寺建于明代嘉靖年间，因基址高差较大和地形限制，建筑依山就势层层而建。寺前以坊为门，名覃恩坊（图 5–128）；门下石制金刚二座，镂刻甚异，面目狰狞；寺宇整洁，与石门相对。可见整体建筑布局为轴线式依山而建，其内为前楼，楼之前有巨石峙于左，突兀雄伟，上擎下削，构亭于上，名四无亭，亭上题曰四壁无然。万历年间，寺曾毁而复兴，李元阳建寺立碑，范铜而镌之，其殿后建有毗卢阁，贮藏经一部。

5.7.3.3 园林造景

放光寺的园林景观特色显著，纳以自然环境，没有独立的墙垣，以自然地貌形成的山峦、崖壁为寺院屏障；植物也以山中古木为主，自然成景，其枝垂条，如丝如线。寺院最大景观特色即以自然之石为景，可观、可赏、可居，如寺门口即以石雕刻金刚，姿态各异，成为入寺一景，以观为主；入寺又立有大石，突兀雄伟，石南面有空凹，可容跏趺，石顶突出，正覆人顶，可观可居（图 5–129）。

大错《放光寺摘星石记》记载，寺内大石数十，高者百尺，小者丈余：或负土而出，或倚树而立，或如正士伟人危立端坐，或如武夫介胄冠剑而侍，或如山叟幽人箕踞倚啸，其他斜倚横侧，如屏如几，如屯如舟；又或骞如凤鸾，或蹲如虎豹，或如熊罴之搏击，虬螭之盘舞，牛马之奔突；又或如奇鬼猛兽，森然欲搏人；或如金翅劈空，神龙戏海，极腾舞奔跃之势。可见，放光寺内园林造景以石独秀而多奇（图 5–130）。不仅如此，寺内又结石为路，虽稍有层级，而绝无端整，石齿如锋锯，履其上，若蹈芒刃。综上可见，寺内处处以石为材，以石造景，放光崖石之奇，堪甲滇南矣。

图 5-128 放光寺南眺

图 5-129 放光寺金刚石现状

图 5-130 放光寺石景观

5.7.4 传衣寺

5.7.4.1 择址与择胜

1. 择址

传衣寺位于鸡足山右支凤凰山下，背靠万松山冈，东向倚山之半，俯临大壑，山势闲旷，形成三面开旷的自然空间。于寺东、南遥望，对面诸峰，青翠相接，绵云片片，若可挹取，寺北则与三摩寺（即大士阁）遥相呼应，与玉龙瀑布下溪形成南北之隔。

2. 择胜

寺周山水形胜俱佳，东北有峡，众流汇集，高下欹折，乍大乍细，叠注支流汇而为瀑；峡中一里有垣围一区，传衣寺僧浚山为池，畜金鱼于其中，云影山光，以一泓印之，不觉潭影空心；寺南有泉，水流汩汩。寺处凤凰山腰，万松翠绿中，寺庵点缀其间，如凤翼之彩羽，形成点睛之景。

5.7.4.2 建筑营建

传衣寺初创于明代嘉靖年间，寺基开爽，规模宏拓，前有大坊，题曰竹林清隐；在寺门左又建有撼云节月坊；入山门即为天王殿；后建大雄宝殿，为单檐歇山式建筑，规制弘丽，正殿三楹；殿前有雨花台，置方形乌铜大香炉一尊；佛殿右建有锦云楼，以贮藏经，楼前有大山茶树一株，花及万朵，开时烂若堆锦，枝柯入总朝暾，初升影映棂槛，炫人瞻顾其下，又多种杜鹃英灿繁丽，楼以此而得名；两厢为禅堂、客堂；殿左后为香积、为寝室。

5.7.4.3 园林造景

传衣寺园林造景以植物营建为主，寺内花木扶疏，寺外古树繁多，竹林围绕，总体特色以雅为美，以枯见奇，以幽为境。寺内基调树种仍以松为主，配以其他观花植物，其中最著名的植物当属锦云楼前的山茶一株，花开时万紫千红，此景激发明代诗人汪蛟“环穿松径疑衣湿，啸对山茶映日明”之情；山茶四周植有各色杜鹃，灿烂盈庭，遂有释无尽的“深院疏帘容客到，花光缺处补山齐”之意境；除此之外，寺内杂植异卉以衬托桂花、苦楝、罗汉松等乔木。

寺外古松当坊前，仿佛如松知护法作虬龙。传衣寺之松以枯老著名。因其四面横枝而出，枝大侔于干，其端又倒垂斜攫，尾大不掉，干几分裂，遂筑台拥干，又植木支其横枝，仅免于裂，亦幸矣。由梯登台，四面横枝倒悬于外，或自中跃起，或自巅垂飏，其纷纠翔舞之态，不一而足，与天台翥凤，其一类耶！可见筑台扶松，松倚石坊，形成了传衣寺独特的园林景观，古色古香。寺为香笋竹林围绕，风景幽静，风吹竹舞发出沙沙之响，更加衬托景色之幽（图 5–131）。

图 5–131 传衣寺古松倚坊意象图

5.7.5 华严寺

5.7.5.1 择址与择胜

1. 择址

从大景域空间择址来看，华严寺当鸡足西支之脊，其华严来脉，自大顶而下，中距一支，南络连珠，蜿蜒数里，岑峦拱翠，展诰舒文，龙虎交蟠，雄开大嶂，而寺雄冠一山，以西支一脉为嶂；又前有二水之交，中夹一支，为华严寺北向之案，此案亦为鸡足西支之旁派；寺下又有溪涧环护，宏观山水之势俱佳。从小景域空间择址来看，则背倚熊罴冈；右以高峰为屏障；前、左均临深箐，冯时可形容为松枝石骨、相倚绝巘，形成旷中有奥的幽邃空间。寺下又有溪涧环绕，寺左右有桥，左谓青龙桥，在保华池之上；右曰德水桥，在黄沙溪之上，此种景观山中之所仅见，如此山水形胜，构成山环水绕的风水格局。

2. 择胜

华严寺依山势而建，东北向九层崖而峙，地迥向异。鸡足山中东二支，及绝顶诸刹，皆东南二向，曾无北拱者，唯此寺回首返照，此种景象又山中一胜。

5.7.5.2 建筑营建

华严寺建筑规模亦整，与传衣寺不相伯仲。寺初建于嘉靖年间，因《华严经》而得名。寺内建有大雄宝殿，为五间重檐歇山式；前面有弥陀殿，厅堂俱极雅洁；后建崇福楼，左有善住楼，右有去栖楼，于楼上观景，乃有攀萝附葛绕灵台，俯眮郊原万壑开。一派清泉云里出，十分春色林端来之景致；寺内亦建有贮藏经之华严阁，绀宇依然。据碑记载，华严寺主要建筑千古壮丽，惟荣惟粹，独耀独彰，宛然帝纲庄严，华严世界之一大观。

5.7.5.3 园林造景

华严寺不仅寺外环境以水景取胜，寺内亦建有圆形水池，每当艳阳高照或皓月当空时．远处金顶宝塔即映入池中形成池映塔影的绝妙景观。不仅如此，植物配置上也追求与金顶佛塔的呼应关系。华严寺内最著名的植物当属两棵茶树，一棵叶茂枝繁，花朵红艳，状如狮子头，遂俗名为红狮子头；另一棵为菊瓣，绯红革片，花开灿如云霞，引人注目。每当茶花盛开，艳阳晴空，驻足茶树下，仰观天柱峰顶，金光闪烁的佛塔，犹如巨笔在倒写天书，自然形成了一幅茶映宝顶的美妙景观（图 5-132）。除此之外，寺亦善于用盆景营建园景。据载，华严寺中所藏盆景数十本，以树华屈曲蟠成福、禄、寿、喜、风、花、雪、月等草书，颇见匠心。

图 5–132 华严寺茶映宝顶

5.7.6 寂光寺

寂是真理的寂静，光是智慧的光照，理和智的结合就成为寂光，此为寺名之由来。寂光寺因院内陈列着两口大锅，又被称为大锅寺，为山中大刹。

5.7.6.1 择址与择胜

1. 择址

依据实地勘测定位和地形图对照，寂光寺应处鸡足东支锦霞山下，临界中支；背倚旃檀林；左临溪涧，以狮子林为屏；右以山冈为障，形成三面环抱一面旷敞之幽奥空间。

2. 择胜

寺院朝向东南，遥看远望，山水房舍尽收眼底。

5.7.6.2 建筑营建

寂光寺初创于明代嘉靖年间，随着朝代的更替不断改建、重建。寺内建筑金碧辉煌，鸳瓦鳞次，颇有讲究。寺前建有万松深处坊；寺山门为阁，登上可以望远，阁共三楹，左右各为屋；

翼以左右禅堂方丈，柱石甚状；正殿重檐钜丽为胜，窗及上檐雕刻精美而有古韵，与大觉寺、悉檀寺并丽；殿左建三一楼，楼左又为清凉阁；殿右建有九年楼，内贮藏经，楼右建为水月阁；据李元阳在《寂光寺碑》记载，鼎扩廊庑，建过道七间，结夏供众。

5.7.6.3 园林造景

寂光寺周围风景清幽，松际露月，池畔流烟。寺内最著名的景观当属大殿前两口大锅，径五尺余，天启五年造，砖砌蓄水；锅左右植有刺柏两株，蟠如蛇形；下有灯笼花围绕，花开白蕊，下垂如四角灯，外围红瓣，此花滇中甚多。大殿后倚锦霞山，奇树与峰争高，互相交轕，天光不漏。寺内植物配置丰富，乱葩争吐，纷红骇绿；种类有山丹、石竹子花，又有槐叶花，其叶似槐，而花如芍药，微风乍摇，掩苒蓊勃。但其中最引人称赞的当为玉兰，根古枝新，每年冬春之际，花开满树，洁白晶莹，香气彻座。

5.7.7 大觉寺

5.7.7.1 择址与择胜

1. 择址

从大景域空间择址来看，大觉寺处于鸡足山左支罗汉壁、狮子林、九重崖之垂窝之穴；从圣峰寺中支延伸的一脉为其右龙；从悉檀寺至塔盘山为其左龙；其后则枕紫云山。回视崖壁，林峦作数重屏列，翠拥青摇，名胜之灵区。

从小景域空间择址分析，大觉寺位于鸡足山左支，危楼依怪石，绀殿隐奇峰，倚冈靠岭，后以望台岭为屏障，左临狮子林，右界旃檀岭，以西岭夹壑，流有旃檀溪，整体环境清幽静谧，正有曹延生在《过大觉寺》中佛光现处境偏幽、怪石长松漱碧流之情景。

2. 择胜

上大觉寺径由中支东部幽奥空间，循旃檀溪一路攀爬，周围老树成林、松竹影沉、鹤吟鸟鸣，甚显静谧，沿阶婉转而上到高冈，才可见大觉寺之山门。入大觉寺四顾山势，重重回合，丛林静室，处处中悬，无不恰称，此时景观由幽奥到旷朗，景观视域对比强烈，向寺后回望，又可见绝顶西悬。

5.7.7.2 建筑营建

大觉的本义是彻底觉悟。寺初建于嘉靖年间，后于万历年间扩建为寺，并因慈圣太后颁布藏经到寺，于大殿前建二观楼以贮藏经。二观即佛教的事观和理观，以观因缘所生的事相和观万法的实性。寺门外竖立铁铸红漆天杠两根，高有十余米。

5.7.7.3 园林造景

大觉寺园林造景以水景营建为特色，范承勋在《游鸡足山记》曾记载，入寺进重门，有水一池，板桥渡其上，池中藻荇交错，锦鳞游泳，颇有可观；上殿礼佛毕，主持僧引至客楼，楼前亦有水一池，池畔丁香花盛开，布置楚楚。大殿前水池名软碧池，上板桥名坦步桥，横板相连，方正宽平，不为斜陡，履道坦坦足称幽人之步，后于清代康熙年间改为石桥。入夜，月光映照，颇有曹延生的花飞法雨迷香界，月落澄潭印素秋之境。

大觉寺既有静池以观，又有流动喷射之水景引人入胜。冯时可在《鸡足山记》中提到，二观楼前有寺内著名的“雾篆甘霖”之景，即寺僧利用东轩左侧天然的山崖地势高差，水从崖坠，用锡管承之，形成独特的篆雾喷珠的壮丽水景观，颇有禅天梵宫之境。

5.7.8 悉檀寺

5.7.8.1 择址与择胜

1. 择址

悉檀寺于鸡足山最东丛林，后倚九重崖，前临黑龙潭，虎龙两砂环之。寺西虎砂，自兰陀寺南来，至迎祥寺转而东，横亘于悉檀寺之前，东接内突龙砂，兜黑龙潭于内，为悉檀第一重案。与寺南偏东对峙有一岭，因其势由东而西突起，形如马鞍，故曾称马鞍岭。此岭为一山之龙砂，而悉檀寺尤近，即鸡足前三距中之左支。其脉自鸡足左支而来由九重崖东南环为此岭，若臂之内抱。与寺南对峙有一山，山形丰隆圆起，正当两涧之间，周环观之，宛然钵盂当胸，遂名钵盂山。此山为中支之尽处，正当鸡足东支与西支互转而衔接之处，犹如二龙戏珠之宝珠。

由此可见，悉檀寺内外二层龙虎两砂环抱，背倚九重崖，南临黑龙潭，左有溪涧南流，右有狮林之水环绕，四面山峦围合，呈现出比较深邃隐蔽的自然环境。

2. 择胜

据大错《片云居记》，悉檀寺周回树林森茂，山径幽僻，溪泉竹石与庵院棋错，朝昏课诵，梵呗相引；谢东山在始诗中描绘，门外潭边浅草茸茸，近潭多古松，山高不闻鸟声，忽格磔数声出松间，实乃禅栖胜境。

5.7.8.2 建筑营建

悉檀寺始建于万历四十五年（1617 年），丽江土知府木增请高僧释禅主持创建，天启四年（1624 年），入京请藏，御赐藏经并题寺名“祝国悉檀寺”。“悉檀”是梵语，即为“成就”或“遍施众生”之意。悉檀寺吸收了藏传佛教建筑风格，形势雄伟。寺前大门外台阶下建有 3 m 高弧形照壁一座，中间稍凸，两端渐凹，粉墙青瓦，远观如玉带环绕寺院之前；拾级而上才到山门，门前建坊，名圣旨坊；入门即为天王殿；天王殿后为石砌雨花台，为僧人讲经说法受戒处；台后为大雄宝殿；东有花园，花木繁茂，牡丹尤盛，又建有客堂、禅堂；寺内亦建有法云阁以贮藏经。整体建筑宏丽精整，栋宇穹隆，金碧丹题，莫不精缮，游者若置身琼楼云馆间，经多次扩建、复修，遂为一山之冠。

5.7.8.3 园林造景

悉檀寺园林景观以植物取胜。寺前杏花初放，桃亦缤纷，前之杏色愈浅而繁，后之桃靥更新而艳，芳菲乃尔。寺内又专门建有花园，古树名花，尤呈奇趣，其中以牡丹为重，每当花朵盛开，色彩纷呈，争奇斗艳。于此佳境，清幽绝俗，尘虑顿消。

5.8 本章小结

在实地踏看 43 座寺庵及 26 处桥、坊、塔、古树、石洞等与寺庵相关景观点后，笔者通过细读和整理现存两个版本《鸡足山志》、明清游记以及参考明代大错和尚的《鸡足山指掌图》，对鸡足山“大寺八、小寺三十有四、庵院六十有五、静室一百七十余所”进行总体位置分布推测。综合分析得出 143 处寺、庵、静室的整体分布情况，其中分布在东支寺庵共 73 座；分布在前中支寺庵共 33 座；分布在西支寺庵共 37 座。

基于以上成果，本书继而对鸡足山寺庵山水环境进行空间理法析要。首先，从宏观角度出发，总结出鸡足山寺庵建设选址特征主要为七种，即“倚立山巅，四方纳景”“三支环抱，幽奥秘境”“倚崖构室，险景奇观”“山坡高岗，亦奥亦旷”“背山面水，苍洱相映”“背倚山麓，鸡山门户”“以洞为室，幽窅参禅”。这些选址突显了山水人文的择胜环境意向、临水为宗的修行需求意向、玄奥清幽的禅宗审美意向、孤邃静僻的苦行宗教意象。鸡足山总体呈现“一城八寺，三界三境”的布局特征。即以四观峰顶罗城为主要标志、以明代八大寺为核心辐射的“一城八寺”的布局结构；以及体现佛教“三界观”的“三界三境”空间布局。继而，通过对《鸡足山志》和游记、诗文等相关古籍资料探析得出，鸡足山寺庵园林营造重在巧于因借，主要体现“因高借远”“俯仰互借”“氤氲借云”“览胜借日”“借瀑观势”“倚崖借绿”“塔凝空月”“凭水借影”“筑桥听鸣”“借竹营境”共十种借景理法。园林植物营构主要以山中天然古树和乡土植物为基调，配以具有生活需求功能和宗教意象的园林植物。其次，进一步从择胜择址、建筑营建、园林内部造景三方面对明代八大寺进行深入分析；得出八大佛寺园林理法之特色所在，每至一所，辄小憩眺望，景物辄变。

同时，鸡足山寺庵园林文化是多元而丰富的。首先其呈现了儒、释、道、本四种文化相融合的特征。通过对鸡足山寺庵园林文化探析，发现其中不仅体现了以迦叶尊者为第一的头陀苦行之古印度禅学思想，又呈现了中国禅宗之“本心即佛，自然悟道”的人生哲学观。通过以上多元文化的融合和熏陶，使鸡足山寺庵园林中呈现出了乐林泉、至虚通、以香为美的园林审美观。

第6章 结语：寺庵山水保护与发展

· 保护对策
· 发展原则及对策
· 总结与展望

“继起的世代都奉行同一基本方针：保卫和发展民族遗产。如果没有这些民族遗产，这一社会将不复存在。”早在张骞两次出使西域时期，蜀和身毒国（今印度境）之间已有商品贸易和文化交流的通道，即被史学家称为的南方丝绸之路，而古代大理洱海区域即是此通道之重要枢纽。

鸡足山位于大理洱海之东，不仅连通着南方丝绸之路，同时西连缅甸、南通交趾、北接吐蕃，宗教上又是藏传佛教、汉传佛教、南传佛教入滇通道的交会地带，特殊而优越的区位条件和自然环境，孕育了古代鸡足山寺庵园林的繁荣发展。鸡足山寺庵园林不仅承载着云南历史的兴衰与变迁，也见证了诸多少数民族和宗教文化的传播与发展，属于我国独特而珍贵的民族遗产。析史以为今之鉴，鸡足山寺庵山水园林环境的利用和发展应当遵循古为今用、保护为先的原则，走以传承历史文化特色为主的可持续发展道路，确保鸡足山寺庵山水环境的延续性。

6.1 保护对策

6.1.1 遗址遗迹保护

鸡足山于南诏时期即有“庵”的建设痕迹，元代即有“寺”的出现，开创了山上寺庵的建设。至明末清初时期达到了“大寺八、小寺三十有四、庵院六十有五，静室一百七十余所”的宏大规模，是鸡足山寺庵有史以来最繁荣鼎盛的时代。但是随着朝代更迭，整个清朝中后期直至新中国成立，鸡足山寺庵总体发展呈现衰落之势，虽偶有复兴，却未能赶超从前盛况。至“文革”期间，山上寺庵大部分被毁，幸留残屋片瓦，却难掩古迹废墟的荒凉。如今虽大部分寺庵已复建，但仍有较多寺庵仍是遗址或遗迹状态，如圆净庵、曹溪庵等寺庵遗址墙垣尚存；华严寺、龙华寺、雷音寺等寺庵遗迹古树犹在，从其阵列式的古柏、桉树等的种植情况，依稀看出昔日的规模和辉煌；也有较多的寺庵遗址和标识牌因长时间无人管理而被湮没于荒草中。因此，寺庵园林遗址和遗迹的保护工作成为重中之重。

相关寺庵遗址遗迹可以参照《文物保护法》对其进行申报保护工作，同时划定遗址和遗迹的保护范围，并根据遗址和遗迹的遗存情况、园林环境、历史文化等条件确定其保护级别、设立级别标志并根据级别控制保护范围内的建设情况。遗址内的古树名木、园林小品等遗存建议原址原状保护，以利于寺庵的复建和生态环境的可持续保护，濒危的名木品种，必要时采取特殊的保护措施。另外，建议保持鸡足山各个寺庵遗址和遗迹的历史特征和历史环境，同时尽可能恢复重要寺庵遗址遗迹的园林历史环境。

6.1.2 山水环境保护

1. 原始风貌保护

单霁翔先生曾提出：“文化遗产保护不是一项简单的、短期性建设行为，而是一项高层次的、长久性活动……在不改变文物原状的前提下，对文化遗产的保护要坚持真实性和完整性原则。”鸡足山寺庵园林以其独特而鲜明的地域性、民族性、宗教性和丰富多彩的园林艺术形式，成为古滇地区珍贵的文化遗产，具有重要的历史价值、艺术价值和科学价值。因此，鸡足山寺庵园林环境的保护应以原始风貌保护为主，保护鸡足山原生的山水林泉、古树名木等，保护寺庵择址的原始特色，保护寺庵总体分布的原始特征。鸡足山寺庵园林环境原始风貌的保护间接促进了园林文化的传承。

2. 整体保护

鸡足山寺庵园林环境是一个整体，是一个大的“丛林”，每一处寺庵的选址、园林营造等都与山中 “雄、秀、幽、奇”的自然环境和丰富多样的人文环境息息相关。山中寺庵园林建设都有其规律，其中涉及鸡足山环境的方方面面，如自然景观的借景、天然植物的配植、山水地貌的影响等。因此，鸡足山优秀园林的传承与发展应首先保护其山水环境完整性。

6.1.3 建筑保护

此方面主要涉及鸡足山寺庵园林环境相关的风景建筑、宗教建筑以及山麓村落民居等，如鸡足山寺前村、沙址村等村落依托着山中寺庵而形成和发展，因此对于此部分建筑也应采取相关的保护措施。

6.1.4 非物质文化资源保护

鸡足山寺庵山水环境的保护不应仅仅停留在有形的物质资源上，还应包括其直接和间接体现出来的历史、民俗、艺术、神话传说、礼仪节庆等非物质文化资源。鸡足山寺庵山水环境的发展历史表达了古代云南佛教的兴衰，尤其明代云南佛教的繁盛就以鸡足山的迅速发展为代表，因此，对于鸡足山历史文化的保护具有重要的价值和意义。

鸡足山的文化是多元融合的，包括儒、释、道、本主文化，而这些非物质文化的特点就是不脱离物质的实体和人们的生活，以民族习俗或园林建筑等方面“活”的显现。比如习俗方面，西藏及东南亚地区信众自古以来即有鸡年朝拜鸡足山的习俗；鸡足山也因为是白族聚居之地，融合着白族的本主文化和民俗文化，每逢正月十四至十七祭祀本主神之日会举行本主节等等。园林建筑往往通过三坊一照壁的布局或富有白族特色的建筑立面等形式展现。因此，从长远的眼光出发，对于鸡足山非物质文化资源应该采取积极的保护和可持续发展的措施。

6.2 发展原则及对策

6.2.1 发展原则

从时代背景和长远的眼光出发，鸡足山寺庵园林景观特征的可持续发展应遵守保护为先的原则，保护自然景观和文化景观的原始性、真实性和完整性。

首先，应体现以人为本的原则。地区僧俗的生产与生活促成鸡足山多样文化的形成与融合，而白族聚落的形成和发展也与鸡足山息息相关，可以说两者是相互影响与促进的。由此，在其发展中也应尊重本地白族人民的生活习惯和民俗文化，最大限度地维护当地少数民族的聚居状态，避免大规模易地搬迁，保证原有村落系统健康延续。

其次，鸡足山寺庵园林相关项目建设，应达到生态效益、社会效益和经济效益协调统一，有利于自然景观的保护和文化景观的传承。在保护资源与环境的同时，带动当地社会和居民发展，实现古今传承、生态共生、利益共赢。此外，鸡足山寺庵园林发展应前鉴古人、后利来者，要体现尊重后人享用资源的权利，探索一种能够较好地协调人与自然、保护与利用之间关系的可持续的旅游开发方式。

6.2.2 发展对策

（1）制定相关法律法规和政策。由政府主导制定相关法律法规和政策，不仅为鸡足山寺庵园林景观格局保护和发展提供制度保障，也是其可持续发展的有效条件。

（2）将文化审美等思想观念纳入鸡足山相关规划。我国名山寺庵园林景观特征形成和发展中融合了多样的思想文化和观念，并在其影响下理性地进行风景建设、保护和审美活动，促进相关文化发展。鸡足山独特的寺庵园林景观格局就是在儒、释、道、本等多元的文化相互影响与促进下形成的，应将其文化审美等思想观念纳入相关规划，从文化传承高度指导规划设计。

（3）结合科学研究制定完善的评估体系。鸡足山寺庵园林景观特征丰富且繁杂，为使历史传统价值得以延续并促进现代发展，应加大科学研究力度，结合研究成果制定完善的评估体系，针对不同种类的景观特征要素予以价值评估，为开发行为提供明晰的标准与规范。

（4）采取“山内旅游，山外服务”的旅游模式。为使旅游对其环境影响最小化，应结合鸡足山实际情况，开发低影响模式，山内主要开展对寺庵园林景观没有影响的生态旅游活动，服务基础设施则在山下及外围建设，减少对景观核心的影响与破坏。

6.3 总结与展望

6.3.1 总结

鸡足山是佛教圣地，其寺庵建设数量于明末清初最为鼎盛，达到了“大寺八，小寺三十有四，庵院六十有五，静室一百七十余所”的宏大规模，在同时代的佛教名山中名列前茅。本书从风景园林学视角出发，从名山缘起、资源梳理、历史沿革、寺庵考证、园林理法、文化意匠等方面对既有地域性又为山岳型的鸡足山寺庵行进深入分析。获取成果如下。

（1）“三道交会，控引西蕃”的区位优势。

在中国古代，鸡足山所在的大理洱海地区一直是云南政治和佛教中心。北与丽江接壤、近临吐蕃、西通缅甸，为国境之咽喉阨塞。宗教上，汇聚了南传、藏传、汉传三种佛教教派，为佛教史上的重要分界点，形成“一山三教”的局面。

（2）“南干华盖，分演二海”的山水形势。

通过地方志和鸡足山志等古籍资料分析发现，鸡足山发脉西域，钟乳昆仑，为南干龙之华盖、滇山之太宗。水脉上北面诸溪水，汇入金沙江，终入我国东海；西南诸溪水，则皆流入西洱水，终入我国南海，一山之水汇二海，堪称为奇。

（3）鸡足山寺庵发展历史脉络的详细梳理。

整理分析鸡足山志及相关古籍资料记载的寺庵建设情况，总结得出鸡足山寺庵建设发展的主要时期。

（4）四十二寺与四十三寺考析。

资料梳理中发现，明代大错和尚通过实地调查记载，鸡足山寺庵鼎盛时期共有“大寺八，小寺三十有四，庵院六十有五，静室一百七十余所”，其中寺院即为 42 所，然而清代范承勋版《鸡足山志》却记载了寺院 43 所。由此，通过对鸡足山明清游记、碑刻等古籍资料查阅得出两版山志寺院数额之差为金顶寺。明代金顶寺称为罗城，主要为朝拜和赏景之处，因山顶风厉、冬春之间积雪不消，鲜有人居。因为其功能的特殊性，大错和尚未将其纳入寺院，而是以罗城的形式单独绘出。此成果的确定为之后理法析要中的空间布局分析奠定了理论基础。

（5）鸡足山寺庵总体位置分布。

笔者基于实地踏看43座寺庵（含遗址22处）及26处桥、坊、塔、古树、石洞等与寺庵相关景观点，研读清代两个版本《鸡足山志》、明清游记以及明代大错和尚《鸡足山指掌图》，对鸡足山“大寺八、小寺三十有四、庵院六十有五、静室一百七十余所”共计二百七十余所寺庵进行总体位置分布推测。综合探析得出143处寺、庵、静室的整体分布情况，其中分布在东支寺庵共73座；分布在前中支寺庵共33座；分布在西支寺庵共37座。

（6）鸡足山寺庵园林理法析要。

首先，从宏观角度，得出受“山水人文”的择胜环境意向、“临水为宗”的修行需求意向、“玄奥清幽”的禅宗审美意向、“孤邃静僻”的苦行宗教意象，共计四种主要择址意象的影响，形成了“倚立山巅，四方纳景”“三支环抱，幽奥秘境”“倚崖构室，险景奇观”“山坡高岗，亦奥亦旷”“背山面水，苍洱相映”“背倚山麓，鸡山门户”“以洞为室，幽窅参禅”七种主要选址类型。

鸡足山寺庵总体呈现“一城八寺，三界三境”的布局特征。即以四观峰顶罗城为主要标志、以明代八大寺为核心辐射的“一城八寺”的布局结构；以及体现佛教“三界观”的“三界三境”空间布局。即村落民居均建于山麓处，处于芸芸众生、五欲横流的“欲界”中；寺庵大多分布于迦叶入定之华首门以下，处于无淫、食等贪欲的“色界”中；华首门为迦叶尊者入定之处，恰符佛经载“无色界”的众生之入定状态，由此华首门一带至天柱山顶应寓意为佛教中的“无色界”。

鸡足山寺庵山水环境营造重在“巧于因借”，笔者分析得出“因高借远”“俯仰互借”“氤氲借云”“览胜借日”“借瀑观势”“倚崖借绿”“塔凝空月”“凭水借影”“筑桥听鸣”“借竹营境”共十种借景手法。在园林植物营构上主要以山中天然古树和乡土植物为基调，配植以具有生活需求功能和宗教意象的园林植物。

其次，进一步对明代八大寺择胜择址、建筑营建、园林内部造景三方面进行深入分析，得出八大佛寺园林理法之特色所在。每一种类型的选址、择胜都对园林景观的营建产生了重要影响，每至一所，小憩眺望，景物辄变。

（7）鸡足山寺庵园林文化内涵多元而丰富。

鸡足山寺庵山水园林营建中呈现了儒、释、道、本四种文化相融合的特征，又体现了藏传佛教、汉传佛教、南传佛教的文化特色，无论是以摩诃迦叶为代表的印度苦行禅学思想，还是我国禅宗主流的“本心即佛、自然悟道”的人生哲学观，均影响着鸡足山寺庵园林审美，从而形成了乐林泉、至虚通、以香为美的审美思想，进而影响山中寺庵的园林营造。

6.3.2 创新之处

我国关于地域性、山岳型寺庵园林理论多聚集于江南、西北、中原等地区，对于既有独特的历史发展背景又有多样民族文化的云南寺庵园林的分析则少之又少。鸡足山古处中原文化与印度文化过渡地带，又处于自古即有妙香佛国之称的大理白族自治州内，又为藏传佛教、汉传佛教、南传佛教的分界点，是具有地域性、山岳型、宗教代表性名山。因此鸡足山寺庵山水环境理法对于传承云南少数民族园林和填补拥有多元宗教文化特征的风景名山具有重要意义。

本书基于宗教学与风景园林学交叉范围，在了解佛教经藏和理论教义的基础上，以系统科学方法论为指导，对鸡足山从名山缘起、资源梳理、历史沿革、寺庵考证、园林理法、文化意匠等方面深入分析总结。借助《鸡足山志》、地方志、古代游记、古人诗文、楹联碑刻等史料，并结合实地寺庵遗迹踏看，推测了 143 处寺庵的分布位置，并在宏观层面上从相地选址、总体布局、借景理法、植物营构等各个专题上对鸡足山寺庵展开分析和总结；又进一步从择址择胜、建筑营建、园林造景等方面对明代八大寺进一步深入探析。基于宗教学理论和视角，笔者发现鸡足山寺庵的整体空间分布体现了佛教的三界观。望能为大理风景名胜区鸡足山景区的复建和保护提供参考依据，对构建具有地域特征的中国国家公园体系具有积极意义。

6.3.3 展望和未尽事宜

（1）对于鸡足山寺庵山水环境理法析要应涵盖考古学、宗教学、风景园林学、建筑学等多学科。本书主要从风景园林学视角进行阐述，基于作者的学科特点和人力所限，本书得出的结论难免会有所疏漏。

（2）书中多依赖地方志、山志、游记、诗文、碑刻等文字资料，相关的专业图像资料较少，只能通过文字记载等资料进行推断和臆测，对于相关的图像化成果只是基于现状地形图的示意和意象，尚不具备精确的考证和复原。

（3）由于本人时间和精力所限，又碍于古籍资料有限，对于鸡足山寺庵山水理法析要主要侧重宏观寺庵外围的园林化空间层面，望今后再做进一步微观层面的挖掘和梳理。

以上这些不足之处望能在未来的学习和研究中加以完善，又因笔者知识水平和能力有限，书中不可避免地会有很多学术上的谬见和疏漏，敬请读者不吝批评指正。

参考文献

[1] 韩婴 . 韩诗外传集释 [M]. 北京：中华书局 , 1980.

[2] 班固 . 汉书 [M]. 北京：中华书局，2005.

[3] 释法显 . 佛国记 [M]. 北京：商务印书馆 , 1937.

[4] 王嘉 . 拾遗记 [M]. 北京：中华书局 .

[5] 任昉 . 述异记 [M]. 北京：中华书局 , 1970.

[6] 杨衒之 . 洛阳伽蓝记 [M]. 北京：中华书局 , 1991.

[7] 释道世 . 法苑珠林 [M]. 上海：上海古籍出版社 , 1991.

[8] 慧皎 . 高僧传 [M]. 北京：中华书局，1991.

[9] 刘应李 . 大元混一方舆胜览 [M]. 成都：四川大学出版社 , 2003.

[10] 陈文 . 景泰云南图经志书校注 [M]. 昆明：云南民族出版社 , 2002.

[11] 郭松年 . 大理行记 [M]. 北京：商务印书馆 , 1936.

[12] 释德辉 . 敕修百丈清规 [M]. 郑州：中州古籍出版社 , 2011.

[13] 葛寅亮 . 金陵梵刹志 [M]. 扬州：江苏广陵古籍刻印社 , 1996.

[14] 陈文，景泰 . 云南图经志书校注 [M]. 昆明：云南民族出版社 , 2002.

[15] 陈循，彭时，等 . 寰宇通志 [M]. 北京：国家图书出版社 , 2014.

[16] 李贤 . 大明一统志 [M]. 西安：三秦出版社 , 1990.

[17] 李元阳 . 嘉靖大理府志 [M]. 大理：大理白族自治州文化局 , 1983.

[18] 李元阳 . 万历云南通志 [M]. 北京：中国文联出版社 , 2011.

[19] 仁宗敕 . 嘉庆重修一统志 [M]. 北京：中华书局 , 1986.

[20] 谢肇淛 . 滇略 [M]. 台北：台湾商务印书馆 , 1969.

[21] 徐宏祖 . 徐霞客游记 [M]. 北京：中国书店，2013.

[22] 于敏中，等 . 日下旧闻考 [M]. 北京：北京古籍出版社，1981.

[23] 于敏中，等 . 城市外城西城二 [M]. 北京：北京古籍出版社，1981.

[24] 倪辂辑 . 南诏野史会证 [M]. 昆明：云南人民出版社 , 1990.

[25] 陈诚 . 西域番国志 [M]. 北京：中华书局，1991.

[26] 黄元治 , 北京图书馆古籍出版编辑组编 . 康熙大理府志 [M]. 北京：北京图书馆出版社 , 1998.

[27] 释法显 . 摩诃僧祇律 [M]. 北京：国家图书馆出版社，2009.

[28] 周钺 . 雍正宾川州志 [M]. 大理：大理白族自治州文化局，1984.

[29] 道宣 . 续高僧传 [M]. 北京：中华书局，2014.
[30] 释圆鼎 . 滇释纪 [M]. 云南史料丛刊 . 昆明：云南大学出版社，2001.
[31] 道宣 . 释迦方志 [M]. 北京：中华书局，1983.
[32] 张道宗 . 纪古滇说集 [M]. 台湾：台联国风出版社，1969.
[33] 倪蜕 . 滇小记 [M]. 昆明：云南图书馆（藏），1914.
[34] 杨慎 . 滇载记 [M]. 郭松年 . 丛书集成 . 北京：商务印书馆 , 1936.
[35] 实叉难陀 . 大方广佛华严经 [M]. 上海：上海古籍出版社，1991.
[36] 黄元治，北京图书馆古籍出版编辑组 . 康熙大理府志 [M]. 北京：北京图书馆出版社，1998.
[37] 黄元治 . 荡山志略 [M]. 云南史料丛刊 . 昆明：云南大学出版社，2001.
[38] 杨慎 . 南诏野史 [M]. 云南史料丛刊 . 昆明：云南大学出版社，2001.
[39] 赵元祚 . 滇南山水纲目 [M]. 昆明：云南大学出版社，2001.
[40] 张照 . 石渠宝笈 [M]. 上海：上海古籍出版社 , 1991.
[41] 尤中 . 僰古通记浅述 [M]. 昆明：云南人民出版社，1989.
[42] 高奣映 . 鸡足山志 [M]. 昆明：云南人民出版社，2003.
[43] 安怀起 . 中国园林史 [M]. 上海：同济大学出版社，1991.
[44] 白化文 . 汉传佛教与佛寺 [M]. 北京：北京出版社，2003.
[45] 宾川县志编纂委员会 . 鸡足山志 [M]. 昆明：云南人民出版社，2012.
[46] 陈炎，赵玉 , 李琳 . 儒、释、道的生态智慧与艺术诉求 [M]. 北京：人民文学出版社，2012.
[47] 陈垣 . 明季滇黔佛教考 [M]. 北京：中华书局，1962
[48] 陈植 . 中国造园史 [M]. 北京：中国建筑工业出版社，2006.
[49] 曹林娣 . 中国园林文化 [M]. 北京：中国建筑工业出版社，2005.
[50] 释担当 . 担当诗文全集 [M]. 昆明：云南美术出版社，2003.
[51] 杜继文 . 佛教史 [M]. 南京：江苏人民出版社，2006.
[52] 丁福保 . 佛学大辞典 [M]. 北京：文物出版社，1984.
[53] 大唐西域记 [M]. 董志翘，译注 . 北京：中华书局，2011.
[54] 傅熹年 . 中国古代建筑史 [M]. 北京：中国建筑工业出版社，2001.
[55] 傅谨 . 中国寺观 [M]. 杭州：浙江人民出版社，1996.
[56] 高长江 . 禅宗与艺术审美 [M]. 长春：吉林大学出版社，1989.
[57] 葛兆光 . 禅宗与中国文化 [M]. 上海：上海人民出版社，1986.

[58] 龚友德 . 白族哲学思想史 [M]. 昆明：云南人民出版社，1992.

[59] 黄夏年 . 禅文化 [M]. 郑州：中州古籍出版社，2012.

[60] 侯冲 . 白族心史：《白古通记》研究 [M] . 昆明：云南民族出版社，2002.

[61] 孟兆祯 . 避暑山庄园林艺术 [M]. 北京：紫禁城出版社，1985.

[62] 孔化魏 . 漫笔鸡足山 [M]. 昆明：天马出版有限公司，2009.

[63] 孔化魏 . 鸡足山佛子录 [M]. 昆明：天马出版有限公司，2012.

[64] 李允 . 华夏意匠 [M]. 天津：天津大学出版社，2014.

[65] 李树 . 鸡足山楹联选 [M]. 香港：香港天马图书有限公司，2000.

[66] 刘云堤 . 鸡足山诗选 [M]. 昆明：云南大学出版社，2014.

[67] 罗哲文 . 中国古园林 [M]. 北京：中国建筑工业出版社，2005.

[68] 计成 . 园冶 [M]. 北京：中华书局，2011.

[69] 马建武 . 云南少数民族园林景观 [M]. 北京：中国林业出版社，2006.

[70] 孟兆祯 . 园衍 [M]. 北京：中国建筑工业出版社，2012.

[71] 罗哲文 . 中国建筑文化大观 [M]. 北京：北京大学出版社， 2001.

[72] 潘谷西 . 江南理景艺术 [M]. 南京：东南大学出版社，2001.

[73] 祁志祥 . 中国佛教美学史 [M]. 北京：北京大学出版社，2010.

[74] 起心惠 . 纳西族与藏族关系史 [M]. 成都：四川出版集团，2004.

[75] 任继俞 . 中国佛教史 [M]. 北京：中国社会科学出版社，1985.

[76] 任道斌 . 佛教文化词典 [M]. 杭州：浙江古籍出版社，1991.

[77] 孙筱祥 . 园林艺术及园林设计 [M]. 北京：中国建筑工业出版社，2011.

[78] 谢路军 . 中国佛教脉络 [M]. 北京：中国财富出版社，2013.

[79] 徐嘉瑞，李家瑞 . 大理古代文化史稿 [M]. 北京：中华书局，1978.

[80] 许天侠，释了凡 . 鸡足山古今楹联趣闻录 [M]. 昆明：云南美术出版社，2008.

[81] 许天侠，许嘉麟 . 名人笔下的鸡足山 [M]. 昆明：云南美术出版社，2010.

[82] 汪菊渊 . 中国古代园林史 [M]. 北京：中国建筑工业出版社，2012.

[83] 王明生 . 云南寺庙塔窟 [M]. 昆明：云南科技出版社，1996.

[84] 王贵祥 . 东西方的建筑空间 [M]. 天津：百花文艺出版社，2006.

[85] 王海涛 . 云南佛教史 [M]. 昆明：云南美术出版社，2001.

[86] 王忠 . 新唐书南诏传笺证 [M]. 北京：中华书局，1963.

[87] 王叔武 . 云南古佚书钞 [M]. 昆明：云南人民出版社，1996.

[88] 王其亨 . 风水理论研究 [M]. 天津：天津大学出版社，1992.

[89] 李泽厚 . 美的历程 [M]. 北京：生活・读书・新知三联书店 , 2009.
[90] 吴国华 . 圹志铭 [M]. 上海：上海古籍出版社，1987.
[91] 吴士秋 . 天下名山游记 [M]. 上海：上海书店，1982.
[92] 于希贤，沙露茵 . 云南古代游记选 [M]. 昆明：云南人民出版社，1988.
[93] 袁柯 . 山海经校注 [M]. 上海：上海古籍出版社，1980.
[94] 杨学政 . 云南宗教史 [M]. 昆明：云南人民出版社，1999.
[95] 张家骥 . 中国造园论 [M]. 太原：山西人民出版社，2003.
[96] 詹承绪，张旭 . 白族 [M]. 北京：民族出版社，1990.
[97] 赵光辉 . 中国寺庙的园林环境 [M]. 北京：北京旅游出版社，1987.
[98] 赵应宝，孔化魏 . 天开佛国鸡足山 [M]. 大理：云南宾川鸡足山佛教协会，2000.
[99] 赵园 . 明清之际士大夫研究 [M]. 北京：北京大学出版社，1999.
[100] 赵橹 . 白族神话与密教 [M]. 北京：中国民间文艺出版社，1983.
[101] 周维权 . 中国名山风景区 [M]. 北京：清华大学出版社，1996.
[102] 周维权 . 中国古典园林史 [M]. 北京：清华大学出版社，2008.
[103] 朱孟震 . 西南夷风土记 [M]. 北京：商务印书馆，1936.
[104] 刘敦桢 . 中国古代建筑史 [M]. 北京：中国建筑工业出版社， 1980.
[105] 潘谷西 . 中国建筑史 [M]. 北京：中国建筑工业出版社 , 2015.
[106] 傅熹年 . 中国古代城市规划、建筑群布局及建筑设计方法研究 [M]. 北京：中国建筑工业出版社，2001.
[107] 梁思成 . 图像中国建筑史 [M]. 北京：生活・读书・新知三联书店，2011.
[108] 张十庆 . 中国江南禅宗寺院建筑 [M]. 武汉：湖北教育出版社，2002.
[109] 侯幼彬 . 中国建筑美学 [M]. 北京：中国建筑工业出版社，2009.
[110] 王毅 . 园林与中国文化 [M]. 上海：上海人民出版社，1990.
[111] 王毅 . 中国园林文化史 [M]. 2 版 . 上海：上海人民出版社，2014.
[112] 宗白华 . 美学散步 [M]. 上海：上海人民出版社， 2015.
[113] 仇银豪 . 北京藏传佛教寺院环境研究 [D]. 北京：北京林业大学，2010.
[114] 娄飞 . 河南山林式佛教寺庙园林研究 [D]. 武汉：华中农业大学，2010.
[115] 梅腾 . 河南佛教寺院建筑初探 [D]. 郑州：郑州大学，2007.
[116] 彭彤 . 中国佛教艺术研究 [D]. 成都：四川大学，2002.
[117] 石晶晶 . 北京佛寺园林的环境研究 [D]. 保定：河北农业大学，2013.
[118] 袁牧 . 中国当代汉地佛教建筑研究 [D]. 北京：清华大学，2008.

[119] 李祥妹 . 中国人理想景观模式与寺庙园林环境 [J]. 人文地理，2001(1):35–39.

[120] 朱建宁 . 展现地域自然景观特征的风景园林文化 [J]. 中国园林，2011(11):1–4.

[121] 王云才，石忆邵 , 陈田 . 传统地域文化景观研究进展与展望 [J]. 同济大学学报（社会科学版），2009，20(1):18–24.

[122] 闵楠 . 大理鸡足山缘何多教共存 [N]. 中国民族报，2011–12–06(007).

[123] 赵鸣，张洁 . 试论传统思想对我国寺庙园林布局的影响 [J]. 中国园林，2004(9):66–68.

[124] 金荷仙，华海镜 . 寺庙园林植物造景特色 [J]. 中国园林，2004，(12):53–59.

[125] 张学玲，闫荣 , 赵鸣 . 中国古典园林中的景感生态学思想刍议 [J]. 生态学报，2017，37(6):2140–2146.

附表

附表 3-1 鸡足山山群情况一览表

数量	名称	详细情况
四十座山	天柱山	即鸡足中峰，今呼为四观峰，孤耸峭拔，顶垂云霞之表，远近仰瞻状同天柱
	花石山	即鸡足左峰，盖此山由东转南逶迤起伏三十余里。 东南一壁陡削千仞嶙峋环抱，山中明刹多建其下岩壁间，其上有石鼓峰、点头峰、道冠峰、满月山等
	青檀山	自山顶西北而下十里许至檀花箐，此山峻伟宽平，东北与绝顶相对，西南与苍山相对，有木香坪、撒马场
	面壁山	在华严寺熊罴冈上四五里许，尊严突涌如巨人端坐，正向罗汉壁，肖达摩面壁之状
	象鼻山	自明歌坪垂冈而下至燃灯寺，长三里许，宛然象鼻也
	琼楼山	在放光寺后直连绝顶高十里许，此山悬岩峭壁，插汉横空，奇树危石，怒突倒垂，层级重复，有若琼楼
	天池山	自点头峰垂下，旁出天池。还源禅师于其下建白云居，遂隐居焉
	凤毛山	在宝莲庵后，自仙鹤山垂峦，右叠有凤毛仪彩之状，担当老人隐居其下
	钵盂山	在石钟寺前，下有钵盂庵，山形丰隆圆起，正当两涧之间，周环观之宛然钵盂当胸也
	马头山	在白草龙下，有泉出于马头之下即名马头泉
	罗星山	在文笔山之东南沙址村，山尾并南村山尾，两交处有山，正镇水口，周围半里
	紫芝山	在双水涧之上，其山紫色如灵芝结朵
	苍波山	在拈花寺后，由青檀山、檀花箐自西而南过金母山、白石崖绵亘四五十里至此，突起圆峰，回对天柱山，形如几案
	蹲象山	由苍波山之东北转而西向长二里许，为拈花寺对案，形如象蹲
	骈指山	自苍波山之西，由辞佛台过峡斜迤一支与蹲象山相对
	松云山	在华严寺下万松庵之后，乱松连云长三里许，人行其中者希观日月
	卧狮山	即南村后山，在白石庵下势如卧狮
	文笔山	即塔院山以其在东上又有塔故名
	满月山	在悉檀寺后，次山从九重崖分脉，丰伟端好，形如满月
	仙鹤山	在石钟寺后山形横展势如翔鹤
	绵霞山	在寂光寺后，山形耸秀，尝有晴霞冠翼其巅
	紫云山	即大觉寺后山，回偃崇隆，形如覆云
	钟灵山	在圣峰寺后，山形秀美，谓为一山灵气之所钟也
	花影山	在萂勒地之后，又名马鞍山，其峰头与马鞍相似
	凤凰山	在传衣寺后，其山势如凤翱翔而下
	象头山	在大士阁之后，形如象头，鼻耳皆具
	金母山	俗名金老太山，在河子孔上，高四五里，嵯峨雄俊，正对绝顶，金母即圣母也，其下有圣母龙王庙

续表

数量	名称	详细情况
四十座山	白花山	在龙华寺之后，山势崇涌，因前建有观音阁遂呼为白花山
	插屏山	在迦叶殿后，高岩横展宛若屏开
	高鼓楼山	在花影山之左
	天鼓山	在滴水崖边，其下空洞，人履其上，足声逢逢然
	集贤山	在片云居之后，由九重崖而下别起一峰，穹隆秀出，树石掩映，下有流泉绕之
	凌霄山	在凌霄庵后，其山自明歌坪侧垂而下至此忽突涌，宏大宽广，势欲凌霄
	西顾山	即九重崖尽处，与文笔山相对，山势至此回顾中峰峦岫皆似西向
	青阳山	在西顾文笔两山之外，相去里许更涌一山，丰隆有势，实居震方故得青阳之称
	片玉山	在九重崖下集贤山之左，另耸一峰，顺崖南行，势不甚远，而瘦削有致，如禽翅直竖
	西来山	在白石崖之西，此山自青檀山太极岭层叠起伏，回翔几折至此，忽起一山更为雄突，自此而下遂为金母山、白石崖诸峰皆极奇秀
	公干山	在鸡足山东南自九重崖叠下，鸡坪关迤逦南行，形势宽舒，峰峦磊落，为鸡山之几案
	牟尼山	在鸡足山左峰之外
	大觉山	在鸡足山东去九十里即宾川东山之支
峰七	四观峰	即天柱山之高峰，乃鸡足绝顶处也
	翠屏峰	在舍身崖前一峰附崖并起，自南而西高数十丈，阔亦如之，横展如屏
	玉枕峰	在四观峰后状如玉枕横峙高可数十尺
	石鼓峰	在九重崖西，在旃檀林上，耸出层云，秀削孤峙
	象王峰	在飞凤太极二岭之中，较诸峰独为雄秀
	凤头峰	在铜瓦殿下，突出昂起，高四十尺，形如凤头
	莲花峰	在象王峰之右，岫峦森秀，状若莲花
崖壁三十三	舍身崖	在四观峰西南隅，下嵌上突，凭据其上，若飞梯蹑空不复知下之仍有地也
	华首门	在四观峰南侧，岩如平劈，高数百仞，广且数倍，岩壁有痕，内剜厥状，如门双阙，宛然上檐飞突，丈余周回隆起，圜扉对掩，中裂一隙，其门左右各三丈三寸高倍之，所谓迦叶奉佛金缕衣入定处也。此岩平削千仞，仰视矗陡，俯瞰无际。而门嵌其中，鬼斧神工至此穷绝，东自猢狲梯，西并舍身崖，以抵束身峡横亘二里，俱自山顶平剖直下至此，叠为细纹，缘如腰带，銮壁为路，行者随纹蹑缕，恍若蚁之缘壁，从此下坠，尚有数级乃抵放光寺，上眺则缕纹交叠，缭白折青且面曝西旸，苔草杂色，虽丹青穷巧不能绘其错蘼矣
	屏风崖	在华首门下放光寺之后，高三十余丈，阔亦如之，直插横开，如斧削石磨，左右匀停，宛然玉屏也
	罗汉壁	罗汉壁在四观峰东，从仰高峡横突而起，西抵旃檀林，陡壁横开，崚嶒耸叠，垂绡卷幛，连亘四里，西来寺嵌其西隅，为陕僧所栖，碧云寺缀其东坳，为燕僧所止，而西来一带崖壁尤奇，拿云激浪，回曲万状，崖下静室刳壁，累石高下，骈嵌若蜂房燕窠，咸剜木觅泉，互相贯注以资瓢钵
	观音崖	在狮子林雪印静室下

续表

数量	名称	详细情况
崖壁三十三	般若崖	在罗汉壁下，侧倚东涧，另辟巉岏禅师古亭结精庐其间，名般若庵，缘石磴而登，俯瞰壑中，梵刹攒隐，仰瞻翠嶂，树石蒙丛，幽险之观，此亦称最矣
	紫柏崖	在罗汉壁下白云寺右岭上
	霹雳崖	在钵龙室之后，绝境天开，耸削异势，烟岚旋绕，树石错映，横侧殊态，观者危心逊目不能自已。当雨雷自此起，室名钵龙，盖谓此也，其险峭幽奥殊绝
	勒马崖	在狮子林左，高可百仞，其崖头势如奔出而能顿驻，有勒马之势
	九重崖	在石鼓峰东，从罗汉壁而来，岭冈东行至此回掉，与西峰相顾，其崖上负冈脊下临层峦联罗汉壁特角互峙，前对青巅曰如翠屏岚幕，下视众壑凸凹差互，刹宇隐见，松桧层深，山中胜境独此隐僻东崖，人迹罕及，自非一念精修之士鲜或栖焉。岩东石窍有泉珠迸分给诸庐，岩畔有飞石覆空而悬若坠复倚观者危之
	蕉鹿崖	即九重崖回龙峰也
	白石崖	在南山东陲。回峦北向返拱正峰，石骨玲珑，窍孔空漏，穿穴互通，出没隐见而石色莹白，少杂赭翠，天划神镂莫喻其巧云邑，杨氏凭崖架阁，梯空而居，加以此境别出，不附众山径曲途隐俗驾莫构，可为栖幽之胜境矣
	滴水崖	即玉龙瀑悬崖，在天鼓山之下，千章丛杂，崖壑层深，加以悬瀑飞流上下者至此，鲜不驻足溯观，移时叹赏
	重阴崖	在狮子林慧光静室之上半里许，崖高数丈，其下容四五人，深林密翳，虽亭午杲烈，不见曦影
	猢狲梯	在铜瓦殿后，乃绝顶峰岩下垂之脊，石齿棱棱，仅可容足壁立陡上五十余级，落手投足，支膝抵胸，始得进步登者不得下视，下视则魂摇足酸，不能自主
	寿星崖	在狮子林守白静室之上，高数十尺，孤孑挺拔，状若南极老人之首
	千花崖	在九子溪东壁，嵚嵌叠磊，异卉丛生，回岚隐映，如璎珞贯花
	佛手崖	在袈裟石左，插空支耸，正如佛掌横舒
	背光崖	在华首门之上，四观峰之下，悬崖万尺，壁立如斧削左右，稍作回曲，如佛背光，此崖奇险冠绝一山，虽猿猱不能升也
	狮子口	在大观阁西三里许，南北两崖杰峙争高，中通一路如咽喉，有踞之地吞天之状
	金猊崖	在小华首门崖下，悬壁直下，削如立掌中突，崖头长数十尺，形如狻猊，左顾青狮右望白象，宛然三大士，所乘跨也
	青狮崖	在小桃源洞前，与金猊崖相去三十余丈
	白象崖	在收蛇洞前，金猊、青狮、白象三崖极威雄踞伏之势，而金猊稍大，尤魁杰也
	滴雪崖	在九子溪头初献水之上
	长离崖	在插屏山后，云彩如宛虹之奋髯，光若长离之振翼，宛虹龙也、长离凤也，是崖之得名盖本于是
	文殊崖	在文殊阁旧址之上
	叠书崖	在小华首洞右崖，石曾折累数十叠，苔绣草衣，剥蚀茸衬，宛然书史堆叠，上有瀑纷披而飞岚溅雾，甚具奇致
	楞伽崖	在藏头庵上，以其险绝不可往，故名又曰玄鹿崖

续表

数量	名称	详细情况
崖壁三十三	小猢狲梯	在龙吟壑之西，悬级危仄，攀附而登，由猴子洞至藏头庵
	古碑崖	在木香坪半山，其地有观音显化碑
	檀溪崖	在华严寺后，俯临深溪，上下悬绝，莫可攀倚，楞伽室即建其上
	聚仙崖	在檀溪之西，相去里许
	旃檀林	在罗汉壁狮子林之下，其上则崖壁插空，峦岫阻日，稍隐而下，幽崖丛柯，回映负险，加以深涧迷岚，悬流绝嶂，层林杂木，凌空交合，一念精修之士多或凭崖结室，依石支广游轩罔过界宇孤僻，所谓修修释子，渺渺禅栖，真堪托胜怡情，永绝尘虑矣
洞四十五	玄关洞	在礼佛台前三面绝壑，下悬突石，骈倚其上，中迸成隙，东西交透，西穴下临栈木，崭壑而度，由穴洞宛转东出，即蹑小石台，俗呼为太子过玄关，洞穴奇险于斯为最
	石漏洞	在石漏泉之左，深可丈许，中出泉如石漏
	文殊洞	在绝顶后文殊阁旁
	仙奕洞	在文殊洞前，虎跳涧之上，相传仙人奕棋于此，故名，其上有棋枰石
	狮子洞	在龙吟壑石觉林寺址之上，悬崖西突自玄关层累下坠，中横一线，侧嵌其间，其门东向，中不甚深，惟外径欹绕，缘崖引栈，披烟蹑虚，有若猿猱之扪历矣
	石广洞	一名云归处，在狮子林陕西僧静室之右，高丈许，深一丈四尺，昔有僧栖禅其中，以石为床
	白虎洞	在伏虎庵拜佛石下，此洞乃一片大石横架而起，中可坐十余人
	斜阳洞	在神足峡东，洞不甚深，但高而难，登洞前有石柱一根，好奇者梯之而上如猿猱之缘木也，其洞面向檀花箐，斜阳对照，晚霞丽空，洞中晴晃，别一天地
	古佛洞	在八功德水之上，石窍横并，俨若胡床，仅堪容膝
	落伽洞	俗名猴子洞，削壁而下，洞出清泉，四时不竭，昔有行僧大千隐居于此
	真武洞	在九子溪东，真武庙侧，洞因庙得名水出其右，即三献水之一也。其洞西向颇隘，中有一潭不竭，土人目为诸龙湫之首
	黑熊洞	在落伽洞左崖下，旧传有黑熊居此，法师所庵居于此洞谈《法华经》
	风眼洞	在罗汉壁西来寺后绝壁上，一崖外附东向成门，前有横石凌崖，上跨中透小隙，日光注焉，洞洁净可居
	杨黼洞	在罗汉壁西，危崖下杨黼者，大理人，栖息于此，二十年得道而去
	重崖洞	即白鹿洞，在九重崖绝壁回峰返向青檀山，上竖巨木，崖间斧痕为级，以升又蹑石痕，扪壁而上崖畔，穹状如飞檐上覆，宴坐其中，肆目南眺水目、天花，诸峦罗供有奔役之势，自非烟褰雨霁，莫辨此遥岫矣
	麒麟洞	在狮子林大力、南宗二静室左涧中，即珠帘水飞注处
	金华洞	在檀花箐西，金华庵西北，即峰顶四冈将尽处，崖悬路绝，层峦危耸，与列岫争奇，人迹罕至，有僧南松尝止静其间
	仙鹤洞	在白云寺、补处庵右百余步，三石攒起，上累一小石，有似鹤顶，洞边多产松菌灵芝
	华藏洞	即大石洞，在鸡坪关后，石洞村乃此山后岭向北环转处，山至此伏而再起，另辟洞天，洞门宏敞高
	小桃源洞	小华首门之东，下临绝壑，洞宏旷，足容当道

续表

数量	名称	详细情况
洞四十五	小石洞	大石洞东五里许，身如洞窄，伛偻趋入，秉炬回环，幽奇叠见。其中有深潭，神龙潜焉，清窅冷寂，虽健夫壮士，且不可以久稽
	幐蛇洞	鸡足之后洞也，中有异书及《法华经》，故灵蛇为之守护。虔者援藤而入，膝行叩礼，闲得读《法华经》余书。昔名藏经洞，指其实也。鲁摆有峡，亦有藏如巫山之后书峡云
	收蛇洞	在小华首门西，有石窍其深，不知几许
	黄猿洞	在悉檀寺前小瀑布下，大士阁之东，恒有猿猴蓄山果其中，人往觅焉，或得数斛
	泉经洞	在洗心桥边圣母水潭西二十步，或岁水涝，此洞出水则次年必旱，农家每以为占
	卧虎洞	在白石庵后
	红蛇洞	在接待寺三家村西箐内五里许，每秋前有小红蛇出卧石上，而不伤人
	岳山洞	在放光寺之下，洞形如琴，当门有垠，如琴之岳山
	藏头洞	在华首门北岫侧历落参牙，昔周哲于此洞修炼，多藏经史道书，人罕见之，故名
	玄鹿洞	在楞伽、虎啸二崖之间，庚子春知空眼藏搜揽奇胜，登小沉台见藏头庵，北悬崖之上古木丛荫处，有玄鹿二呦鸣而出，驯扰不惊，如相迎之状，故名
	箐口洞	在九重崖下塔院之北，洞不甚大，而林木茂密，境界幽窅
	碧云洞	在幻空阁左崖半，可坐五六人
	玄玄洞	在鹤峋碑崖畔，绝壁数十仞，空洞临危，其深广莫测，而无路可登，自非飞鸟翱翔，莫得窥其幽奥矣
	壶天洞	在真武洞之上，窍穴玲珑，广一丈五尺，有奇葩异卉，翠竹碧萝，拥荫其门，俨然仙客栖真之洞天也
	小莲房洞	在千华崖之下，怪石隐门，人迹罕至，盖猿猱栖息之所
	大莲房洞	在小莲房洞之上
	飞光洞	在背光崖之西，洞中可坐十余人，夏秋之际，尝有金光飞绕其处
	石室洞	在狮子口之西，弘厂幽邃，中涌流泉
	丹霞洞	在狮子林后山下十里许，昔有僧习禅其中，孤邃幽险，不易居也
	一念洞	在功德庵之左，宽一丈三尺
	蛰龙洞	在翔龙寺之西，隔涧悬崖之上
	隐显洞	在袈裟石左，上下二洞空怪相连，栖真之士，每神娱其间
	小华首门	在华首门下曾小桃源洞之右，此处又下一层平出三崖，中曰金猊，左曰青狮，右曰白象，一名小华首门
	羚羊洞	在回杖处之下
	老古洞	在觉灵寺右岭上，昔有僧老古穴土为洞，栖禅于此
台七	礼佛台	在束身峡西南峰顶，三面绝壑，南向木香坪，后有伏虎庵，前为玄关洞，昔时古行之士，恒于其上礼佛，以致精虔，李中谿爱其奇胜，于此建宝苍阁，以其面对点苍山，宛然天外屏画也
	望台	在狮子、旃檀二林之间，自横亘大岭分冈南下隆起一峰，东界狮子林，披林索磴，若穿翠幄，登此始见峰顶西悬，故以望台名

续表

数量	名称	详细情况
台七	指顾台	在点头峰之下，自九重崖达狮子林，路经其处，指顾合山庵寺如观掌，果历历分明
	阿难台	在华首门左，面临苍洱
	妙高台	在玄关之右，宽可二丈三尺
	小沈台	在藏头庵前，群峰拱抱，叠嶂回环，涧溪竹树，无不生情，势若云霞拥月
	辞佛台	在白石崖东大路旁，由南山北转为登山初境，上有小塔，凡入山礼佛者，归路至此，回望山顶，作礼辞佛，以伸眷慕焉
坡三	解脱坡	在石钟寺下大士阁上，长可三里，西望玉龙瀑，登山必经之处
	蜜哆坡	在积行庵旁水月庵上
	火雷坡	在拈花寺右石蟆江外
冈四	回龙冈	在放光寺前，自东向西，迤逦起伏长二里许
	熊罴冈	在华严寺后，此地原为熊罴窟穴，先时有南京老僧真圆习静于此，熊罴渐隐遂建梵刹
	横琴冈	在古雪斋片云居之前，塔院之上，垂峦平亘，状若横琴
	振衣冈	在文笔山之南，绝壁百仞，上有平冈，俯视接待寺、河子孔诸景了了可画
岭五	飞凤岭	即鹧鸪山也，在放光寺西，山形自古碑崖翔舞而下，其长数里，宛然飞凤
	御风岭	由白井庵前下至会灵庵，起伏延衮长五里许，清溪交流，长松掩映，游人经此有凭虚御风之想
	太极岭	在飞凤岭之右，既圆且正，形如太极，四周诸峰簇起，并秀争奇，恍然媚灵于兹岭也
	双泉岭	在觉林寺右
	拂袖岭	一名蛇伏冈，在西竺寺前，自息阴轩左斜拖而下，由西而东至牟尼庵约一里许，细瘦横披，如拂袖之状
石五十	棋盘石	在绝顶之西，束身峡上文殊阁前，南北两崖夹坠，而石悬其中，平整如盘
	升仙石	在舍身崖东玉井峡之上，高五六尺，宽平可坐二三人，俯临绝壑，上逼层霄，登其上者旷然遐览，俗虑顿空，飘飘然有羽化升仙之意
	华津石	在四观峰后休歇处之前，宽二丈高三丈，一片横斜，上可坐数十人，石面浸出流泉注滴，石下即汇而为三极泉
	眠狮石	在旃檀林，烟霞室右，其石高一丈六尺，广九十冈，层叠两级，可攀而升高，下回凹处可坐十余人，石隙生大树高七八丈，修柯曳云，浓叶蔽日，笼罩婆娑，故堪玄赏
	子母石	在大乘庵左，其大石高一丈三尺，广可一百一十围，古意崚嶒，有级可升，上可坐三十人，更左三十步有石差小亦伟俊可观，旁更有数石半露半藏
	袈裟石	在铜瓦殿，有坡野卉蒙茸，别具幽胜。相传当日尊者晒衣其上，青石白筋，其纹缕缕，领褶俱全，宛然袈裟铺覆，因名焉。其上原有小阁为比丘栖禅之所
	玉屏石	在蓑衣庵，旧址其石高一丈一尺，阔七尺，正面平削宛然插屏，下又有小石方正可作，坐墩旁立古木一枝，大八九围高四丈许，苍然掩覆，势颇相得
	狮头石	在迦叶殿西三十步，高丈许，大八九十围，前张吻如狮口，生树二枝，掩映葱倩，倍增奇致。谢东山游山记曰，殿西数十武有盘陀石可坐十数人，崖畔孤悬不可行而至，考此山别有盘陀石在放光寺西，此故名狮头石

续表

数量	名称	详细情况
石五十	盘陀石	在放光寺西崖藏头庵下，石高一百二十尺，直立如笋，亭亭上擎，虽附崖而起，不与崖合挺然，离立架桥而度，顶平可二十余尺，上构小亭，危耸特绝，行僧大千尝趺坐于此，后当飞泉摇曳，叠嶂萦流，幽异孤渺，别具灵秀，游者扶杖而登，下临绝地，风壑罗列，故堪奇赏
	半落石	在盘陀石左数十步，其石附崖而生，突兀欲坠，下临千尺之磎
	跏趺石	在观音崖下，其上平正，故堪结趺入定
	片云石	在狮子林纯持静室，则高二丈宽丈许，可坐二十余人，旁有流泉美冽甘洁
	移石	在悉檀寺右坡，石高一丈二尺，广四十围，此地旧为罗汉寺。石原在寺内僧众嫌之，忽有人来云此石可移也，可为我具食，僧入厨治斋，既出则石已移出寺外，其人不知所往矣，或云是潭中老龙特示灵异耳
	翠屏石	在狮子林中一峰高耸，四面如削，芙蓉而金粉杂铺，彩文如缋，上刻翠屏二字
	云生石	在狮子林峰顶，其大数围，高二丈三尺，旁有小石潭，凡山中欲雨，则此石旁必生浓云如车盖，散布蒙密，其雨即至
	金刚石	在放光寺门内高一丈一尺，宽可三十围，峥嵘兀突，上建小亭名四无亭，可容数客，石脚有空凹处，可以趺坐
	云鹤石	大石五六倚叠河子孔之上，乃中谿李公所题
	放光石	在圣峰寺前其石大小不等，五色具备，各具六棱，可供清玩
	兜率石	在弥勒院左，两石连生参倚，作势高五丈许，顶宽平可坐数人，紫台交错
	螺纹石	在慧灯庵右，状若螺纹
	牛首石	在迦叶殿门外土地庙前，状如牛首，俯瞰众壑，有老树数枝，盘根其上
	曲笕石	在狮子林六波罗密静室之下，其石嶙峋当路，静室比丘引泉资汲者必经其石之腰，苦于不能直度，乃刳木为曲笕绕石而流故名
	念佛石	在二天门上，顶可趺坐朝山，比丘修净土者尝于其上默坐，念弥陀焉
	霹雳石	在钵龙室之后，其石嵯峨兀突，若不可犯石之上，更有大石中开一隙，若离若合，险怪岈岠，恍若雷轰，旁有老树怪藤，奇古，石顶正平，蹑级而登，可坐数十人，前后百步，内大石二三十枚，各具异势，其衔然负土而上者，若熊罴之登于山其嵚然相累而下者，若牛羊之饮于川
	砥石	在白云居前倒影池之右，石高五丈，广三十围，顶平如砥，上坐五六人
	伏虎石	在白云居左高八九尺，长二丈许，遥睇近观，周回审视，宛然蹲虎首尾，高下无不匀似
	箕踞石	在石钟寺左平冈上大石数块，横侧异状，上有古树数枝丛荫周覆，真可供幽人之箕踞矣
	笋石	在念佛石上，矗立如笋，最为孤峭
	凭栏石	在念佛石上，形如栏槛，下临绝壑，凭倚遥观，则苍山如案，洱水如卮
	仙人床	在华首门旁左右两座对列其上，宽平宛然床榻，可供坐卧
	阿阇石	在华首门崖右，阿阇世王曾于此朝礼尊者，故名
	鱼头石	在放光寺右屏风崖下，高七尺五寸，尖唇外突，恍若鱼头
	金鳌石	在铜瓦殿右，长数十丈，昂首之势，俨若鳌山

续表

数量	名称	详细情况
石五十	流云石	在无字碑下高五六尺，广丈许
	双柱石	在玄鹿洞左，两石连峙，直立如柱
	龙树石	在龙华寺门左相去一百九十步，其石正方高八尺，周围四丈三尺，上生树一枝大十二围，高五丈余一根，分作二枝，其干相抱叶复作二种，有老藤蒙缀，旁有小树一枝，高二丈，其根皆蟠石而下入于土，石之东南又有古树五枝，茂密阴森，以助幽异
	拜佛石	在伏虎庵前，其石高丈许，突临虚崖登跻其上，骨悚神慄，尝有行僧，履而拜佛，然须一心朝向绝去瞻顾，方能俯仰起伏，若左右旁视，即匍匐欲坠矣
	鬼工石	在玄关之上，大小数块，委叠相倚，怪谲险侧，欲坠欲崩，不可名状
	无字碑	大石二块，宛然碑碣，在羚羊洞之上，知空眼藏，探幽览胜，不辞危险，无奇不搜
	烂柯石	在伏虎庵左，棋枰石之侧
	生公石	在罗汉壁德上静室之下，大小数十块，或蹲或倚，如拜如侍，宛然群聚点头之状
	小盘陀石	有二在大盘陀石之左二百四十步，旁有古树三枝
	漱玉石	在静林居前，路下高五尺，其顶宽平坐五六人，双涧夹流，清漱如玉
	谪星石	在龙藏谷中放光寺前后大小数十块，奇形怪状，高者百尺，小者丈余，或如正士危坐，或如武夫肃卫，或如奇鬼猛兽，森然欲搏人，或如金翅劈空、腾蛟戏海，有飞舞奔跃之势
	峄阳石	又名天磨石，在罗汉壁绝顶之上，两石相垒，高数十尺，最为奇险
	三笑石	在石梁桥西北大石三块，相并欹倚，雄伟突兀，颇有隽致
	老人石	在黑熊洞左，拔地矗起，形如老翁
	水心石	在岳山洞西大涧中，高十三丈，广倍之，顶平如掌
	三多石	在二殊室之下，大石三块，相去各二十余步，上石高七八尺，其根空而出泉，状若云之倒垂；中石高丈许，突兀奇伟；下石高二丈，顶方且平，可坐十余人
	九品石	在石梁桥东，石甚奇陡，有僧刻九品往生四字于其上，故往来者遂呼为九品石
峡九	束身峡	在绝顶西文殊阁前两崖对峙，中分一径，仅容人身穿过径中流石历落，拥足碍履，行者倚侧，不能自持可二里许
	藏书峡	在鲁摆静室之左
	仰高峡	一名五十三参，在迦叶殿，比罗汉壁西，登峰顶，大路轰峦，突石亏蔽左右，中迳若剜崖壁，欲合行者视前以为路穷，更转更睇，窅曲森险，俯瞰林壑，仰眺岑岭，一步一景，倏忽互换，虽屡游者，亦疑误焉，崖中吐三献水，足资行者之渴，周直指建亭于斯
	狮口峡	在狮子口之下，长四五里，陡直险僻
	梯云峡	在罗汉壁西来寺左，高十五丈，两崖夹立，窄如箭括，通天无路，可升静室，比丘每于峡上采薪，从峡中掷下，又从下拾之而归，盖天险也
	玉井峡	在舍身崖翠屏峰之间，崖壁环匝，宛然欲合，形如玉井
	蛇立峡	在罗汉壁安心处之右，两崖束身矗起一峡，峻壁当面，陡上干霄，虽飞猿捷猱穷于登降矣
	巨灵峡	在幻空静室左，从罗汉壁最陡处，崖势对裂，状如斧劈，峡高十七八丈，仰视崖顶，眩目危心。己亥兵乱，山中比丘用十寻直木，斧砍为级，缘之而上，然从之者鲜矣

续表

数量	名称	详细情况
峡九	神足峡	在狮子林大静室左，其峡宽而且深，长五六里，陡险异常，非具神足者不能登也
壑三	龙吟壑	在盘陀石之右，崖壁天险，剖为大壑，人迹罕经
	吞天壑	在中峰右峰之间，长数十里，宽四五里，众水奔流，长风振树，实具吞天之势，即大觉寺山庄也
	腾蛟壑	在猴子洞左，幽折险峻，故为龙蛇之窟
谷二	通天谷	即束身峡绝顶西北下，由文殊阁至伏虎庵两崖矗起，中通一路二里有余，崖石嵚崟，径道盘折，既穷复通，幽邃无际
	蟠龙谷	在华首门下，放光寺前，直连檀溪大壑
箐六	檀花箐	即桃花箐，此地原有大青檀树一株，故峰与溪皆以青檀名，后其树既伐，土人遂误檀为桃，由山顶西南七里许，深林杂树，蒙翳幽窅，莫测其高几许，南北穹峦，中凹成坳，东西则分溪泻流，逝湍各别，东下成溪，汇出洗心桥，西流迸涌直由和光桥而逝，箐为宾邓分界，因去山稍远，游者鲜及，实则绵邈幽深，迥绝尘境
	蜜蜂箐	在太极岭之左
	松花箐	在万松庵上，连松二十余里，花开时人行其中，衣袖俱沾松粉
	万里箐	在太极岭之右，此处树木最为深密，多藏劫盗，行者苦之
	山神箐	一名冷水箐，在白石庵右
	芭蕉箐	在南村后，相传此处旧有芭蕉四五里
坪五	明歌坪	今建为圣峰寺，寺碑载迦叶入定八大明王送至此，鸣歌作乐，故名，后人因而建寺
	罗汉坪	在沙址西塔院崖下，灵山一会坊内，昔传有罗汉现身于此
	木香坪	在西南峰，檀花箐东南，与点苍山对，其坪在高山顶脊，围环宽二十里，四旁皆深林密翳，积雪不消，而此坪独宽坦温煦，甚宜花树，昔时服勤之僧多于此结庐习静
	万松坪	在四观峰之后，由绝顶西北下四十余里，皆合抱古松，修柯曳云，浓荫蔽日，长风远振，涛籁幽长
	憩佛坪	在大龙潭之前，其地宽广平敞，树石回映，清泉交流，俗传古有五百罗汉游憩于此
窟一	金刚窟	在华首门西二百步，高八尺，深丈余，中可坐卧六七人，崖路危仄，人罕至焉
窝一	狮子窝	在狮子林后崖下，面对东北，广三里长七里，多产奇树名卉，旧有狮子庵

注：据（清）范承勋《鸡足山志》和（清）高奣映《鸡足山志》整理。

附表 3-2 鸡足山水体情况一览表

数量	名称	详细情况
水六	三献水	在仰高峡中，一出滴雪崖下，一出兜率庵左石洞下，一出真武洞右，危崖万仞，怪石崚峋，绝壁悬空，旁无宿土，而洪泉争涌，联络奔会，汲资千钵。溉澍百区，世传迦叶尊者敕七十二龙拥护此山，故飞泉灌洒，无峰不润。虽孤崖峭壁，亦注悬泉，迄今梵刹星布，佛会佳辰香客游人时盈数万，香积笕水，钵瓢涤濯，率皆霑注盈足未尝累汲也
	曹溪水	出悬崖下，在八功德水西涌注不息，宋直指建庵崖间，题曰曹溪精舍
	八功德水	一名八德溪，在曹溪水华首门之间，飞崖二临，迸石而出，滇志云迦叶尊者于石上卓锡成泉，故涓流不结
	珠帘水	珠帘水一名万珠帘，又名四谛泉，在狮子林中观音崖之东隅，翠屏石南，崖危石矗起，上突下嵌，崖上多竹树杂卉，水从树根石隙乱流而下，崖窟若廊若榻，而悬流虚幂其外，展冰绡于林杪，挂珠箔于云端，溅注霏微，令人逊目，怡心不能自绝于其际
	河子孔水	一名圣母泉，在雪阴桥南，上有大石横偃，空如张吻，阔一丈六尺高可半寻，左右复有石数块，名云鹤石，大小差等撑拒支互，势甚危险，诸乱石下众水奔涌，回注斜射与山中诸水相汇，奇发齐泻，东注大涧，夏秋澍雨后，溪水皆浊而孔水独澄净如故，虽与诸水合流而清浊不杂，世传此水自大理西洱海透山而来，故水独别，再诘其故，则云，昔时共人既至山下小憩，此水之旁则见原盒由此孔中流出以为神异，知其地脉潜通于时，俗呼此为盒子孔，后蒙氏得国建号大理，乃封其水为河子孔，盖西洱海，故名洱河也
	三道水	在金华庵下三里许，其源出白鹿寺之西，由一道水西去半里余，即二道水也，其水发源威音寺之旁，由西而北合一道水进入于三道水。三道水之源发自木香坪后流出大圣寺之下，自南而北从翔龙寺之右循崖而下三水汇合迸注一溪，清流激湍，奔泻数里总由松鹤桥下又合和光桥水出罗川河入于金沙江
溪八	九子龙王溪	在迦叶殿东五十步，此溪源最高水最涌合三献诸水而下，注于旃檀诸溪
	鸣琴溪	在白云寺补处庵二刹之东
	旃檀溪	在寂光寺左，深窅回曲，树石笼映，众水奔赴，湍浪激荡，上有大桥名曰响雪
	花石溪	在幻住庵兰陀寺之中，溪不甚大而回曲清浚，树石蒙绕，实为幽僻
	檀花溪	在木香坪檀花箐中，此地旧有大青檀树可数十围，远近瞻异，故此峰名青檀顾虎峰
	黄沙溪	在华严寺前窈窕层折，竹树茂密，冲涛啮石，声乱钟板，上横巨桥，题曰德水
	倚仗溪	在大乘庵之左，上有逍遥桥，大错和尚尝独行至此倚仗听流水声，移时忘归，故有斯称
	赤蕨溪	在山后西北金华庵、大圣寺、翔龙寺诸刹之中
涧六	虎跳涧	即四观峰西折下山处，两旁峭石突起，倚崖并蹲，各具咆哮之势，相去丈许，下临深涧；按滇志，驯虎涧在鸡足山两崖峙立，霞围霰集，昔迦叶驯虎之处，相传有二虎出入，故此地有伏虎庵
	集流涧	在传衣寺旁，众流汇集，高下欹折，乍大乍细，叠注支流汇而为瀑
	秋涛涧	在山南河子孔边上，有雪阴桥，此涧汇山南诸水合河子孔泉，东折南出，过拈花寺前出石蟆江
	双水涧	在九重崖后雨水交流，险峻层折
	葫芦涧	在大龙潭下，由龙潭下至水露庵，崖石攒空，卉竹蒙杂，涧势阻险，溪路幽折
	石钟涧	在接待寺之左，万水奔赴树石窅冥，猿栖鸟呼，行者感动

续表

数量	名称	详细情况
瀑五	玉龙瀑	在牟尼庵西，其源自仰高峡，来会华严诸流，下奔而峡中，有巨崖水自崖上飞流，如崩涛舞雪，游人从解脱坡对錾而观，真有玉龙走潭之势，盖当登山之始，层峰冠云，殊錾拥翠，而松崖萝壁之间，飞流漱玉，响答钟磬，奇秀森灵，实厌众目
	旃林瀑	在玉霖轩左崖，横斜下注，激涌作势，上更有东西两瀑尤为佳胜，自崖面临空平铺旁无所挠，前无所障，牵曳烟风，摇荡林影，遥睇旁睨，各具胜趣
	软瀑	在小华首洞西，其源自八功德水流下叠书崖
	东峡瀑	在鲁摆静室下猴子洞东，其源自曹溪水来，东从藏头庵下，凄泊萦旋，曳雾搴烟，喷嗽变幻，盖当两崖回合之中，又极上嵌下削之势，所谓落银河于九天，控珠帘于双阙，未足形其胜概也
	苍龙瀑	在体一桥上，源自悉檀寺前大龙潭渡伏龙桥，汇诸细流而成，曳练垂珠，溅石作态
潭五	大龙潭	一名乌龙潭，原名软石香芹溪，在悉檀寺前，昔时水深林翳，阴森寒悚，樵采者不敢斧斤其旁，或有犯者，即风雷骤至，盖有黑龙窟其中也，自潭上建悉檀寺，林间渊碧素流，澄鲜灵物，似亦有皈依之意，然山中夏秋霖雨必有浓云自此潭兴升至山巅，即风雷交作，倾泻如注，僧众每以此为占，其细霖微霈即不然矣
	小龙潭	在悉檀寺后冈上五华庵前，晶碧一泓，杞梗樵竹，丛茸杂映，清流远引，澄泛无际
	石洞上潭	在后山华藏洞左侧一里许，潭上有大椿树二株，大数十围，潭北有龙王庙
	石洞下潭	从上潭南行二里即下潭，水出乱石，下迸涌作声，噌吰可听，潭上杂树交映，稀见曦景，激湍奔流三十余步，又汇为小潭，清深可掬
	小石洞潭	在山后岭下小石洞中
泉八十八	金鸡泉	即眼药水也，在华首门东，按李逸民游山记曰金鸡泉仅一碗水，日有异鸟饮之，其来必双，至二十双而止，四时皆然，鸟无增减，水亦无盈涸，有僧倚崖构阁，汲此水以供香积
	太极泉	在飞凤岭之右
	碧云泉	在碧云寺左峡，其水自石间出，其味甘冽，缁素资之
	阴阳泉	一在双泉岭南，一在岭北，南阳北阴，岭亦以是名也
	一泓泉	在隆祥寺之左，清洁香美，逾于他水
	清凉泉	在无住庵左侧
	石漏	即白云泉，在念佛堂后，青碧千仞，杂树倒垂，旁突一石，支崖凌虚，上实下虚，宛若悬钟，水自石腹中散缀而下，不见泉脉飞珠，喷洒如刻，漏之垂注，余故改题为石漏间，万历间有僧白云结庐崖畔，礼诵华严，精勤不息，感石窍灌滴下注，涓涓不绝。其石高三尺，阔如之，高处中空渐上渐隘，水从空顶中坠下为方池一泓，四旁皆崩崖巉石，欹曲倚侧，乃水不溢，于坎而溢，于脊不溢，于脊之外崩而溢，于脊之中管，管中之液又不溢，于旁伏而溢，于中垂其灵异如此至九重崖，东石缝迸沥，分级而下列为三泒各悬，注丈余资，给诸庐甚为甘冽
	天乙泉	在清凉泉右，隆祥寺所引即此水也
	环侍泉	在圆觉庵左右，两泉并侍，水脉潜通
	湿云泉	在会云庵之右峡下
	万佛泉	在罗汉壁太华静室内，削崖危耸，如刺空劈云，而崖下剜，潭广可五尺，深亦如之，半入崖根，半露崖外，澄然不竭
	三沸泉	在狮子林下有泉三孔涌出如沸

续表

数量	名称	详细情况
泉八十八	云涌泉	水出法云室之左，莹洁胜涌，不啻白云出洞
	青龙泉	在华严寺左腋，去寺里许
	暗香泉	在聚仙崖之下泉上有古梅一株，疏影横斜堪入图画
	望台泉	望台有泉，自岭脊沥石而下，东会狮子林水，同发奇泻，涓涌不息，旃檀比丘，引流资引，多于崖端架木，曲折横斜，度岫穿峰以代运汲
	初地泉	在接待寺之左
	三极泉	在山顶后冈，去罗城二里许，泉有三孔，涌出作品字形，上有屋三楹，榜曰休歇处，山顶比丘咸汲此水，以资佛供
	涌莲泉	在放光寺前七十余步，其泉周围多产木莲花
	木香泉	在青檀山东北峡中
	女灯泉	在慧灯庵左菜圃之上，水从横石中泄出，虽遇久旱而此泉盈注如常
	潜龙泉	在片云居左岭下，每天将雨，则泉中云起
	饮马泉	在撒马场西南下山路左峡
	洁泉	在沙址女僧继周庵中
	提月泉	流自猴子洞侧出于削壁绝壑之间，其源不可穷也
	琉璃泉	在碧云寺路旁，去观徹静室百余步，水从三大石中沁出
	浣石泉	在狮子林二殊比丘石弹轩之西，水从大石下涌出
	伽音泉	在狮子林顶相静室左涧中危石之下
	涌泉	出自狮子林支秋广旁流灌旃檀林，诸修静之士，咸资汲焉
	四歌泉	在狮子林下林泉静室左边，石孔流出及天香师具比丘行，构数椽于狮子林下，闭关三十年所
	金龙泉	在兰陀寺内佛殿后，相传昔有金龙潜伏于此
	天乳泉	在幻住庵前，东涧中泉水清莹，浮花泛彩，名天乳
	白露泉	在兰陀寺门首离寺一百八十步
	香樟泉	在止止庵
	醉象泉	流自九重崖东石窟中，去道本静室三十步，从一衲轩流过
	箭括泉	在蕉鹿崖下，即本怀禅师书《华严经》处
	金刚泉	在九重崖河南大定禅师住静处，其水逆流自东至西二百步许，下泻过法易禅师静室，分笕支引太小繇
	射鼓泉	在九重崖西，从大石孔中流出，去醉象泉数十步
	碧绀泉	其泉自静居林左涧流出，去静室六十步，水作青碧色，迥异他泉
	崩雪泉	在明歌坪左涧中
	鹦鹉泉	水出凌霄庵左涧中去庵三百步
	摩罗泉	在补处庵左，鸣琴溪中，水从三大石中流出

续表

数量	名称	详细情况
泉八十八	石鹿泉	在补处庵前，水自二大石下流出，其石蹲立作势，有似鹿之饮川也
	树手泉	流自法明寺左涧中，去寺半里许
	盘龙泉	在法明寺门首，水从盘龙庵故址下流出
	狮尾泉	水自首传寺右深箐中流出，下注止水静室左涧中
	四论泉	自首传寺右涧中出，去寺四十步
	水莲泉	在寂光寺后麓左涧，有小山突起复凹如缺水，自此中出，离寺半里许
	弄珠泉	从大觉寺左涧浸流，相去一里分注过白花山潮音阁
	铁骨泉	自庆云庵后麓流出，此水注泻甚长，资给广远，缁素汲引，前后不辍
	五云泉	从庆云庵路旁泻出流过龙华寺
	莲须泉	在龙华寺右涧中泻出
	笔花泉	在西竺寺门外，其池形如半月，寺门内原有旧泉久而渐湮，此即旧泉所注也
	鹅眼泉	水自净觉庵后小涧中无节树下流出，去寺七丈许
	雨香泉	在大乘庵左侧大石下流出
	青鸟泉	出法界庵溪边，下泻无我庵，去庵一百六十尺
	染泉	出自龙泉庵后麓流至庵左，其水与土相渍染布作色甚宜，缁流山中赖之
	停云泉	此水自白云居石窟流出，内外两池方广略等，大约可八九丈，涓流甚涌，昼夜不舍，兰若汲溉之外犹复下注，溪潭归纳江海
	点雪泉	自古雪斋左崖下流出，西汇黑龙潭，水泻为悬瀑
	庄严泉	出自悉檀寺藏经阁东去阁半里许
	浴塔泉	出自西顾山东岭，飞流泻云，倾涛涧雪，尊胜塔院僧为筒，自西顾山南麓引渡文笔山北冈，两山对峙，各处高阜，中夹成沟，自卑而升，下注上迸，逆流不息，汇而为池，畜鱼资汲巧具神工不啻。其徒弟以铜引入院内方池中，构小亭，池水平远，俨然蓬岛之胜，羁游宦子莫不流连信宿川相娱慰
	菩提泉	从菩提场右涧泻出
	般若泉	一名灵湫，水出般若庵溪左
	涌雷泉	出雷音寺前路旁相去百步许
	岚影泉	从慈云庵后溪泻出下注开化庵，溪中多产榛栗
	万松泉	在菩提场上出古树根下
	问津泉	出白石庵卧虎洞前去洞九十步，其水涌出，路旁旱涝无异
	天女泉	出木香坪，此处多产天女花，花似玉兰而微小其香胜之，山中比丘移植庵寺春初盛开，色净香清堪宜佛供
	天眼泉	在玄雪峰西南隅去伏虎庵二里许
	鹿野泉	在白鹿寺西岭之麓，此处为宾邓二州交界，去大路百步许
	碧落泉	一名双林泉，在翔龙寺左涧两大树中，乱石离离，清流迸涌，双树交映，故又因以著名

续表

数量	名称	详细情况
泉八十八	天隐泉	在翔龙寺后山冈回复，林树蒙翳，虽久居者未能探其源脉也
	药叉泉	在觉林寺旁去寺半里许
	清碧泉	在无声吼之右，从大石间流出，鼻峰舍雪岸居诸比丘咸引之以宽负汲
	慈云泉	在八角庵菜圃之下
	云友泉	在净云庵门外涧中
	浣衣泉	水出传衣寺右腋
	让泉	原在开化庵内，有龙居焉，人不敢犯，后建开化庵，龙移居庵门外，僧众赖之泉之得名由是矣
	莲子泉	在九莲寺之右
	受记泉	在华首门右与眼药水相对，古传为迦叶尊者受记僧处
	玉井泉	在绝顶之北去罗城三里
	喷珠泉	在罗城正北下山五里许有崖数丈，斜挂飞泉，形如喷珠
	一滴泉	在龙吟壑中由放光寺右流过
	一叶泉	在放光寺叶子蓬之前
	穿石泉	水出岳山洞前
	回龙泉	出回龙冈下
	浴凤泉	在飞凤岭之上
	潮音泉	出飞凤岭下其声汹汹，如海潮之奔涌
池十五	抱月池	在传衣寺北坡侧，寺僧德华所开，山势闲旷，崖影遥连，平浚云麓，倒漾翠微，诚是也。环以小垣，构小室其上，咏“碍收山色放墙低”之句，人影转在抱月池中矣
	洗砚池	在宝莲庵内，把茅师徒居庵内，俱好画，恒于此池洗砚道友
	软碧池	在大觉寺门内，周围九丈，畜金鱼数百尾，荇藻交横，翠微掩映，澄碧荡漾，横桥而渡，凭栏啸咏，足澄心怀
	半月池	在水月庵前，形如偃月
	锦莲池	在悉檀寺门外，昔年莲花盈沼，花皆锦边，故名
	秋月池	在白云居门内，池面方平，周以青砖，上横板桥，泉从其中涌出，水色清映，独胜他池，萍藻鲜澄，竟池涵碧，俯视游鱼，恍若乘空
	倒影池	在白云居门外，空净明莹，绿卉丛生，鸡山峰顶影倒此池，良亦地脉相依，不止波光澄洁也
	照花池	在拈花寺门内，离离漾碧，恍若映花
	云涌池	在云海庵前二百步许，每山中欲雨则云从池出，故庵与池皆因此得名
	灯明池	在燃灯寺外
	春草池	在龙泉庵门外，水色鲜澄，芳卉丛映
	宝华池	在华严寺之左，青龙桥下
	烟水池	在德水桥下

续表

数量	名称	详细情况
池十五	数息池	在息阴轩之前
	天水池	在西竺寺门外，此池原在本寺大门内，有龙潜焉
塘二	茨菰塘	在檀溪崖下，广可数亩，有流泉涌出其中
	大瀑塘	在大觉山下，圣泉庵前，盖大觉寺灌溉灾畲之所潴者，环之周遭，逾三里许，似新月形，菱蒲莲荇，鱼藻之日，游可赏之
湖一	上仓湖	在鸡足山之南，周回十里，中出嘉鱼，有丙穴之称焉，其旁产莲花

注：据（清）范承勋《鸡足山志》和（清）高奣映《鸡足山志》整理。

附表 3–3 鸡足山名胜异迹一览表

数量	名称	详细情况
鸡山八景	天柱佛光	鸡山正峰最高，仰插青汉，名天柱山，游观者至山顶适遇风止雨收，则佛光现于山下，其变幻种种不一样具四观峰下
	华首晴雷	华首门当山之极高处，雷雨皆在其下，每见山下云暗一方，雷声殷然，则知其下澍雨，然山上日光四照晴明如故也
	苍山积雪	点苍山积雪冬夏不消，苍素相间，烟云缭绕，实宇内奇观，而榆城近处山麓反不能见，惟此山正对，了了可画，乃天造地设，以为鸡足之景，非他处所能借也
	洱海回岚	洱水明净与点苍十九峰相映，每风日晴明烟岚映，带有非丹青所能绘者，惟鸡山全收其胜，非真具山水胜情，老于此山者不知
	塔院秋月	尊胜塔院在文笔山，塔高六丈六尺，饰以垩粉莹白如玉，秋月当空，皎洁互映，加以院宇宏敞，廊庑清雅，山空夜静，恍如濯魄水壶矣
	万壑松涛	鸡山遍产松树，自巅至麓绵亘数十里，加以此山深邃窈窕，松荫幽映，别一天地，迥与他处不同，清风谡谡，音韵悠扬，恨不令陶弘景听之耳
	飞瀑穿云	山中瀑布大小十余处，而玉龙瀑为第一悬流，千尺掩映，崖树有时，烟岚旋绕，隐蔽出没，对岭遥观，忽疑中断矣
	重崖返照	九重崖居山之东侧，壁立千仞，正对西阳，每当夕阳返照，千霞助彩，红紫万状，自罗汉壁亘九重崖二十余里，崖壁尽赤，树石皆为之改色，亦一奇观也
胜概八景	玉龙吹霰	玉龙瀑布以长为胜，兹瀑洄蒙奔漱，匹练烟飞，悬挂千章木杪，与九嶷五泄争胜
	绿天四翳	兹之山，青松不下百千万亿本，其数之极于不可数，凌峰填壑，吟阜吹山，均是松矣。人游其下，四翳绿天，日月之所从出，风霞之所陶写，旋环数百里之内，均之步松幢云幄之中矣
	塔凝空月	同塔院秋月
	地隐晴雷	同华首晴雷
	遥峰雪灿	同苍山积雪
	岩日流丹	同重崖返照
	云海晴光	同洱海回岚
	洞秘灵奇	即华藏洞也
幽胜八景	珠帘串月	志中名水为万珠帘。狮子林有观音崖，崖东隅有翠屏石，其南崖，危石矗起。两崖饶竹箭，傍水多杂卉，水从石隙竹根中渗霰而下，则两崖均潜于幕帘间，志所谓冰绡隐月、怡目畅心者是已
	黎明涌日	自兜率庵而上，俯铜瓦殿，观者燃炬重裘，陡其巅之青巨石，鸡声则三唱也。山下万壑，云铺若银海，其中如十九峰者，方浅露白雪寒青，映带于黄色香光中。赤霞似焰万道，从银海中跃出，方血痕一线，一弹指顷乃满半轮。人方争奇说怪，不意红日已径丈许，浮于云表，四观之犹然沉黑，而鸡声犹未罢也。又须臾，日则渐小，黎方渐明耳
	梵接天风	山之三百六十八招提，均之掩绿于松竹之内，水声淙淙，漱玉其间。铁马腾风，金猊吐焰，香气之所回环，磬铎之所摇曳，则梵呗之声，传幽舍静，远接天风矣
	雾篆甘霖	大觉寺之二观楼前，穿有渠焉，渠之水以人巧为之，连贯以筒，自伏脉中引之而出，几十许里，盖自下上升，激使在山者也。迨篆雾喷珠以出，其高数丈，渗渗然溅玉鸣珰，宁惟搏跃之过颡也哉

续表

数量	名称	详细情况
幽胜八景	古岸椿盘	游华藏洞之上，潭去华藏洞一里许，潭水清鉴毫发。环潭大椿二株，逾二三十围，斜倚其东，覆荫潭上
	河舒青眼	雪阴桥南，石横亘偃其上，若鳖张吻，阔二丈许，高逾半寻。其左右环绕，若狮若象，若凤张翼，若牛马饮，来奔者皆石也，名云鹤石。当夏秋溪涨，鸡山诸水虽清，奔泻至此则浊矣。独孔中水澄莹如故，远视之，若垂双眼于青盼，不为浊世所移也
	天池倒影	白云居外有天池，远观四观峰二十余里，又且丹卉茂密，绿树丛生。池能倒峰巅远影，其神妙抑何所自而致。神奇矣
	仓湖渔火	仓湖在鸡山之南，崖壁环高，不事陂渚，自然成湖，村皆渔也
灵异八景	定捧金襕、身光摄放、明王示梦、鹫鸟朝门、瑞蛇蜥类、神熊习讲、潜龙五色	
异迹二十则	华首门、尊者迹、宝光塔、明歌坪、小澄台、收蛇洞、洗目岩、龙吟潭、袈裟石、无字碑、大宋茶、天章树、传衣松、放光椒、掘山碣、集殿鸟、治疫草、驯饭雀、不化珠、玉顶骨	
古迹二十六则	八功德水、仙人着棋石、曹溪正滴、铜筒引激上泉、铜铁瓦殿、三献水、睹光梯、金鸡泉、古镜阁、万佛塔、九年楼、九子龙王溪、豆粒人、束身礼佛崖、寂光寺千僧锅、朱篆、钟石、石漏、三道水、迦叶驯虎洞、罗近溪先生以锦裹膝登顶处、杨黼先生修真洞、罗李二先生游处、李卓吾先生谈禅楼、中溪先生读书处、陶不退先生临摹室	

注：据（清）范承勋《鸡足山志》和（清）高奣映《鸡足山志》整理。

附表 4-1 鸡足山明代寺庵建设情况一览表

年号	始建寺院	始建庵院	始建静室	统计
天顺（1457—1464 年）		云海庵		庵 1 座 共 1 座
成化（1465—1487 年）	隆祥寺	白井庵		寺 1 座 庵 1 座 共 2 座
弘治（1488—1505 年）	龙华寺	金顶某庵、了空庵、花椒庵、大乘庵、白石庵		寺 1 座 庵 5 座 共 6 座
正德（1506—1521 年）	传灯寺	慧灵庵		寺 1 座 庵 1 座 共 2 座
嘉靖（1522—1566 年）	迦叶寺、圣峰寺、传衣寺、千佛寺、放光寺、迎祥寺、观音寺、九莲寺、报恩寺、觉灵寺、怀恩寺、寂光寺、华严寺、千佛寺	五华庵、无我庵、净觉庵、极乐庵、牟尼庵、法华庵、海会庵、昙花庵、净云庵、圆通庵、弥陀庵、万松庵、慈云庵、金华庵、兜率庵、瀑布庵、大力庵、慧幢庵	大云居	寺 14 座 庵 20 座 静室 1 座 共 35 座
隆庆（1567—1572 年）	圆通寺	般若庵		寺 1 座 庵 1 座 共 2 座
万历（1573—1620 年）	悉檀寺、首传寺、兰陀寺、西来寺、祝国寺、白云寺、法明寺、燃灯寺、三摩寺、拈花寺、大圣寺、广恩寺、翔龙寺、白鹿寺、威音寺、慈圣寺、大觉寺、西竺寺	大觉庵、止止庵、补处庵、幻住庵、息阴轩、菩提庵、法界庵、龙泉庵、大智庵、宝莲庵、万寿庵、卿云庵、灵源庵、妙觉庵、天竺庵、无住庵、凌霄庵、慧灯庵、积行庵、水月庵、开化庵、云溪庵、曹溪庵、功德庵、藏头庵、观音庵、净土庵、慈圣庵、奉真庵	万佛堂、休歇处、念佛堂、观音崖室、弥陀室、觉容室、拈花精舍、灵源精舍、持心室、幻智楼、净云室、自觉庵、望北庵、悉怛多室、叶子蓬、斋云庵	寺 18 座 庵 29 座 静室 16 座 共 63 座
天启（1621—1627 年）	碧云寺、吉祥寺	继周庵、梨花庵、梅隐庵	撒手处、杨真处、烟霞室、玉霖轩、藏海莲居、吼天坪、六波罗密、松月阿、和光室、翠宇室、瑞云轩、法义室、钵龙室、不二轩、翠柏居、云鹤坞、玩虎居、静笑居、寄寄斋、瑞莲精舍、栖真处、梨花庵、梅隐庵	寺 2 座 庵 3 座 静室 23 座 共 28 座

续表

年号	始建寺院	始建庵院	始建静室	统计
崇祯（1628—1644年）		尊胜塔院、片云居、白云居、古雪斋、体然庵、大云庵、赤昙庵、支秋庵、冰雪庵	安心处、一笑轩、贯彻室、体如轩、智印室、禅心室、止水室、素雯居、毕婆室、林泉室、止月庐、碧桃轩、守白室、半山舫、圆明室、野鸡蓬、无疆室、鼻峰舍、雪岸居、石弹轩、一衲轩、寒山楼、山月扉、纯白室、华池室、柔绿轩、处约室、摩诃室、满月轩、夔宇室、水云居、楞伽室、可是楼、普光庵、体然庵、大云庵、赤昙庵、支秋庵、水雪庵、毗沙精舍	庵9座 静室40座 共49座

注：根据（清）范承勋《鸡足山志》整理。

附表 4-2 清康熙年间新建及重修重建寺庵统计一览表

寺院	庵院	静室
金顶寺、迦叶殿、寂光寺、石钟寺、圣峰寺、华严寺、传衣寺、大觉寺、悉檀寺、放光寺、首传寺、兰陀寺、碧云寺、祝国寺、迎祥寺、隆祥寺、报恩寺、三摩寺、翔龙寺	补处庵、幻住庵、尊胜塔院、弥勒院、片云居、白云居、古雪斋、息阴轩、法界庵、五华庵、大乘庵、大士庵、极乐庵、万寿庵、卿云庵、法华庵、妙觉庵、天竺庵、云海庵、无住庵、慧灯庵、积行庵、昙花庵、净云庵、圆通庵、弥陀庵、般若庵、慈云庵、开化庵、云溪庵、祇园庵、永胜庵、慧幢庵	念佛堂、普照室、林泉室、绿净山房、不知处、摩诃室、满月轩、夔宇室、持心室、楞伽室、玩虎居、寄寄斋、仰高亭、宽宇室
共 19 座	共 33 座	共 14 处

注：根据（清）范承勋《鸡足山志》和（清）高奣映《鸡足山志》整理。

附表 4-3 清康熙三十一年寺庵统计一览表

寺院	庵院
金顶寺、迦叶殿、寂光寺、石钟寺、圣峰寺、华严寺、传衣寺、大觉寺、悉檀寺、龙华寺、放光寺、西竺寺、千佛寺、接待寺（废）、首传寺、兰陀寺、传灯寺、西来寺（废）、碧云寺、白云寺（废）、祝国寺、观音寺（废）、迎祥寺、圆通寺、隆祥寺、燃灯寺（废）、法明寺（废）报恩寺、九莲寺、雷音寺、三摩寺、白鹿寺（废）、翔龙寺、广恩寺、大圣寺、觉灵寺、罗汉寺（废）、拈花寺、威音寺（废）、怀恩寺（废）、慈圣寺、牟尼寺、吉祥寺（废）	补处庵、幻住庵、尊胜塔院、弥勒院、片云居、白云居、古雪斋、罔措斋、息阴轩、菩提场（废）、圆净庵、法界庵、五华庵、无我庵（废）、龙泉庵、大乘庵、大士庵、大智庵、净觉庵、极乐庵、宝莲庵（废）、万寿庵、卿云庵、牟尼庵、法华庵、灵源庵（废）、妙觉庵、天竺庵、慧灵庵、云海庵、无住庵、凌霄庵（废）、慧灯庵、海会庵（废）、积行庵、水月庵、昙花庵、净云庵、圆通庵、弥陀庵、万松庵（废）、般若庵、慈云庵、开化庵、云溪庵、白石庵（废）、金华庵、伏虎庵（废）、曹溪庵（废）、功德庵（废）、藏头庵（废）、兜率庵（废）、观音庵（废）、宝藏庵（废）、圆觉庵（废）、瀑布庵（废）、净土庵（废）、慈圣庵（废）、大力庵（废）、水露庵（废）、奉真庵（废）、盘龙庵（废）、狮子庵（废）、东坞庵（废）、继周庵、祇园庵、永胜庵
共 43 座，圮废 11 座，现存 32 座	共 67 座，圮废 25 座，现存 42 座

附表 4-4 清康熙三十一年静室统计一览表

罗汉壁静室	旃檀林静室	狮子林静室	九重崖	诸庵院
万佛堂、安心处、撒手处、栖真处（废）、半空庵、天然室（废）、宝印庵（废）、停云庵、还慈室（废）、普光庵、体然庵、一笑轩、自觉庵（废）、贯彻室（废）、甘露轩（废）、休歇处（废）、古佛洞圃标（废）、望北庵（废）、献果庵（废）、桃源庵（废）、摩云居（废）、海印庵（废）、广西室（废）、青斋庵（废）、洛伽庵（废）、盘陀石圃标、悉怛多室、太古庵、净业居、叶子蓬（废）、衡阳庵（废）、宝山室（废）、静居林、般若崖室（废）、紫柏崖室（废）、楞伽居（废）、大云庵（废）、法行室（废）、宝光庵（废）、斋云庵（废）、会云居、体如轩、松云堂、智印室、禅心室、丹霞庵、全真室（废）	烟霞室、玉霖轩、止水室、素雯居（废）、毕婆室（废）、止月庐（废）、碧桃轩（废）、赤昙庵（废）、半山舫（废）、梨花庵（废）、野鸡蓬（废）、无疆室（废）、松竹居（废）	念佛堂、云深处、藏海莲居、观音崖室、吼天坪、大波罗密、圆明室、松月阿、守白室、石笋庵、普照室、灿辉室（废）、鼻峰舍、雪岸居、石弹轩、慧光庵、无宗庵、和光室、翠宇室、若野室、支秋庵、水雪庵、太清居、倚天庵（废）、纯持室（废）、智行室（废）、还忠室（废）、青霞居、遍空居、黄玉居、弥陀室、慧剑庵（废）、太素庵（废）、密用室（废）、晓天庵（废）、无尘室（废）、虚白居、容兴居、垂虹居、惠通庵、林泉室	一衲轩、寒山楼、山月扉（废）、瑞云轩、法义室、静观庵、木庵（废）、知宗室（废）、枕流居（废）、自得庵（废）、太玄庵（废）、韬光室（废）、美庵室（废）、桑知庵（废）、纯白室	绿净山房、毗沙精舍、钵龙室、不二轩、觉容室（废）、断际处、翠柏居、华池室、柔绿轩、处约室、肃月轩、不知处、拈花精舍（废）、贝叶斋、摩诃室、中峰室、洒陀轩、隐空居、离钓室、置扫居、大云居、法兴室、炼魔室（废）、优昙室、宽宇室、古镜室（废）、云鹤坞、满月轩、灵源精舍（废）、燃灯室（废）、夔宇室、持心室、楞伽室、清音室、玩虎居、水云居、可是楼、静笑居、幻智楼、懒云窝、无我室、怀玉圃标、寄寄斋、秋雪庵（废）、福缘林（废）、净云室、梅隐庵（废）、金华室、问天处、瑞莲精舍、碧云山房（废）、莲花山房（废）
共 47 处，圮废 28 处，现存 19 处	共 13 处，圮废 10 处，现存 3 处	共 41 处，圮废 10 处，现存 31 处	共 15 处，圮废 9 处，现存 6 处	共 52 处，圮废 11 处，现存 41 处
共计 168 处，圮废 68 处，现存 100 处				

附表 4–5 清康熙年间楼殿阁塔祠统计一览表

阁	楼	殿	塔	祠
玉皇阁、御藏阁、石钟阁、法云阁、潮音阁、华严阁、观音阁（废）、天长阁（废）、藏经阁、大观阁（废）、千佛阁、毗卢阁、太子阁、大士阁、明镜阁、拈花后阁、真武阁、玄天阁、迎祥阁、苍波阁、光明王阁、极乐宝阁、清音阁、大悲阁（废）、文殊阁（废）、普贤阁（废）、宝苍阁（废）、袈裟石阁（废）、微笑阁（废）、千手阁（废）、昊天宝阁（废）、斗母阁（废）、玉龙阁（废）、观音阁（废）、天一阁	天咫楼 九年楼 二观楼 锦云楼	金殿 铜瓦殿 铁瓦殿（废） 万寿殿 弥陀殿	万佛塔（废） 尊胜塔 饮光双塔 吉祥塔	黔国公祠 恭节公祠 潘朱两代巡祠 木太守祠
共 35 座，圮废 14 座，现存 21 座	现存 4 座	现存 4 座	现存 3 座	现存 4 座

注：根据（清）范承勋《鸡足山志》和（清）高奣映《鸡足山志》整理。

附表 4–6 清康熙年间亭坊庙桥统计一览表

亭	坊	庙	桥
景星亭（废） 八角亭（废） 观瀑亭（废） 四无亭（废） 仰高亭 善雨亭（废） 旅亭 松阴亭	鸡足山胜概坊、罗李二先生坊、群峰拱圣坊（废）、宾邓交界坊、覃恩坊、万松深处坊（废）、圣旨坊、驀直去坊、鸟鸣蝉噪坊、地胜龙灵坊、西来第一坊、三脚坊（废）、竹林清隐坊、撼云筛月坊、蓬莱初地坊（废）、灵山一会坊、三天门坊	上土主庙、中土主殿、下土主庙、沙址土主庙、二母古窟土主庙、毕钵罗窟山神庙、大龙王庙、小龙王庙、上圣母龙王庙、下圣母龙王庙、土地庙	五叶桥、洗心桥、雪阴桥、华津桥、石梁桥、体一桥、响雪桥、青龙桥、德水桥、伏龙桥、和光桥、逍遥桥、九溪桥、坦步桥、三笑桥、松鹤桥、一心桥、天生桥
共 8 处，圮废 5 处，现存 3 处	共 17 处，圮废 4 处，现存 13 处	共 11 处，现存 11 处	共 18 座，现存 18 座

注：根据（清）范承勋《鸡足山志》和（清）高奣映《鸡足山志》整理。

附表 4–7 鸡足山 1951 年修建寺庵统计一览表

寺院	庵院	殿、阁
金顶寺、迦叶殿、华严寺、圣峰寺、寂光寺、大觉寺、龙华寺、石钟寺、祝圣寺、悉檀寺、传衣寺、九莲寺	慧灯庵、弥勒院、极乐庵、万寿庵、牟尼庵、大智庵、圆净庵、五华庵、碧云庵、法云庵、尊胜塔院、八角庵	观音阁、大悲阁、太子阁、铜瓦殿、大士阁、雷音阁
共 12 座	共 12 座	共 6 座

注：根据宾川县地方志编纂委员会办公室《鸡足山志》2012 整理。

附表 4–8 （清）范承勋《鸡足山志》载寺院创建朝代一览表

朝代	寺院名称
唐朝	石钟寺
元朝	接待寺（今废）、罗汉寺（今废）
明成化（1465—1487 年）	隆祥寺
明弘治（1488—1505 年）	龙华寺
明正德（1506—1521 年）	传灯寺
明嘉靖（1522—1566 年）	迦叶殿、圣峰寺、传衣寺、千佛寺、放光寺、迎祥寺、观音寺（今废）、报恩寺、觉灵寺、怀恩寺（今废）、寂光寺、华严寺
明隆庆（1567—1572 年）	圆通寺
明万历（1573—1620 年）	悉檀寺、首传寺、兰陀寺、祝国寺、白云寺（今废）、法明寺（今废）、燃灯寺（今废）、三摩寺、雷音寺、拈花寺、大圣寺、广恩寺、翔龙寺、白鹿寺（今废）、威音寺（今废）、慈圣寺、大觉寺、西竺寺、九莲寺
明天启（1621—1627 年）	碧云寺、吉祥寺（今废）
明崇祯（1628—1644 年）	西来寺（今废）
年代待考	牟尼寺、金顶寺

附表 4–9 鸡足山明清时期敕赐藏经一览表

寺庵	年代	敕赐藏经情况	备注
华严寺	万历十年（1582 年） 万历十四年（1586 年）	敕赐《永乐北藏》一部，贮华严阁 敕赐北藏一部	
大觉寺	万历十七年（1589 年）	敕赐藏经一部，贮二观楼	
放光寺	万历二十六年（1598 年）	神宗敕赐藏经一部，贮御藏阁	
悉檀寺	天启四年（1624 年） 崇祯十四年（1641 年）	敕颁《永乐北藏》一部，贮法云阁，敕赐“祝国悉檀禅寺”僧道源朝普陀，请《嘉兴藏》一部	藏有近代名贵贝叶经一部，日本频伽藏 33 函，每函 8 本
传衣寺	嘉靖元年（1522 年）	寂观法师请藏一部，贮锦云楼	
寂光寺	嘉靖年间（1522—1566 年）	如堂法师请藏一部，贮九年楼	
石钟寺	万历年间（1573—1619 年）	请藏经一部，贮石钟阁	
迦叶殿		建天咫楼，贮《正藏》一部	
金顶寺		建藏经阁，贮藏经一部	
祝圣寺	光绪三十一年（1905 年）	虚云法师请赐《龙藏》一部，贮藏经楼	

注：根据宾川县地方志编纂委员会办公室《鸡足山志》2012 整理。

附表 4-10 鸡足山明朝时期僧建寺庵一览表

僧	寺庵	僧	寺庵	僧	寺庵	僧	寺庵
圆庆	迦叶殿	了通、了晓	石钟寺	净月	圣峰寺	可全	吉祥寺
木贴	寂光寺	真圆	华严寺	性玄、李元阳	传衣寺	如正	补处庵
儒全	大觉寺	释禅	悉檀寺	圆亨	龙华寺	如堂	幻住庵
圆惺、李元阳	放光寺	圆瑞	西竺寺	明玉、李元阳	千佛寺	正用	弥勒院
天心	接待寺	周乐	首传寺	圆成	传灯寺	道涵	片云居
如唐、性让	西来寺	幻空	碧云寺	普宗	祝国寺	圆彩	白云居
古事	白云寺	普宗	法明寺	德成	圆通寺	周科	菩提场
能中	观音寺	无为	九莲寺	普霖	大圣寺	周严	圆净庵
照能	广恩寺	通文	翔龙寺	普明	威音寺	圆心	法界庵
妙瑞	慈圣寺	普周	无我庵	道源、道真	尊胜塔院	如月	五华庵
古尔	龙泉庵	悟禅	大乘庵	道源、道慈	古雪斋	如显	大智庵
真莲	净觉庵	真松	万寿庵	真山、真用	极乐庵	真慧	宝莲庵
周徹	卿云庵	圆光	法华庵	如金	灵源庵	圆贞	妙觉庵
大千	天竺庵	智晓	云海庵	真鸾	无住庵、开化庵	圆恩	凌霄庵
普现	慧灯庵	滮寿	海会庵	灵骨	积行庵	广月	水月庵
圆炳	昙花庵	真炳	净云庵	海印	圆通庵	如松	弥陀庵
圆清	万松庵	海众	般若庵	三昧	慈云庵	道备	云溪庵
明正	白石庵	南嵩	金华庵	明悟	曹溪庵	大力	大力庵
普润	奉真庵						

注：根据（清）范承勋《鸡足山志》整理。

附表 5-1 明清鸡足山寺庵分布统计一览表

数量	寺庵名称	分布情况
四十三寺	金顶寺	在天柱山四观峰，古有方塔一座
	迦叶殿	在插屏山麓，登绝顶悬崖之半
	石钟寺	在仙鹤山下，背靠狮子林望台，面向钵盂山
	西来寺	在罗汉壁太华静室之左
	碧云寺	在西来寺左腋下
	放光寺	在琼楼山下，倚壁参天，面山横案适当鸡山之胸臆
	觉灵寺	在放光寺西三里许
	圣峰寺	在钟灵山前即古明歌坪，背靠青檀山面向尊胜塔院，左去数百步接净居林
	祝国寺	在毗卢阁左
	法明寺	在毗卢阁之上
	首传寺	在积行庵西南
	燃灯寺	在象鼻山前，首传寺右二里许
	迎祥寺	即钵盂庵，在石钟寺之南钵盂山下
	兰陀寺	在金龙潭，背靠狮子林
	寂光寺	在锦霞山之下，背靠旃檀林
	千佛寺	在寂光寺之下，前对灵源庵
	华严寺	背靠熊罴冈，面向九重崖
	传衣寺	在凤凰山下，背靠万松山冈，左尊胜塔右白石庵，得山水大会鸡足中峰尽处也
	报恩寺	在尊胜塔院垂冈之下
	悉檀寺	在满月山下，大龙潭之上，后靠石鼓峰
	罗汉寺	在大龙潭上悉檀寺前
	龙华寺	在白花山前，西竺寺之上，背靠望台，左接极乐庵（慧幢庵）右邻大觉寺
	西竺寺	在龙华寺之前
	圆通寺	在西竺寺东
	大觉寺	在紫云山前，万寿庵之上，背靠望台，左去龙华寺数百步，右邻千佛阁
	吉祥寺	在大觉山
	接待寺	即古福缘寺在中峰之麓，背靠传衣山冈，左里许接九莲寺
	九莲寺	在福缘寺西里许
	观音寺	在息阴轩后
	三摩寺	在象头山前即大士阁
	雷音寺	在净云庵左
	拈花寺	在苍波山下，辞佛台右三里许，为入山之第一刹，面对蹲象山
	大圣寺	在金华庵下五六里许

续表

数量	寺庵名称	分布情况
四十三寺	翔龙寺	在大圣寺西三里许
	白鹿寺	在金华庵之左威音寺右
	威音寺	在檀花箐西十里许，背靠木香坪
	广恩寺	在翔龙寺左岭下半里许
	怀恩寺	在鸡次坪西，后山之麓乃邓川登山必由之路；此处佳木花果，前后俱有流泉池沼
	慈圣寺	一名幻居庵，在莿勒村之上
	牟尼寺	在牟尼山，去鸡足六十里
	隆祥寺	古名白井庵，在圣峰寺垂峦下三里许
	白云寺	在补处庵之上
	传灯寺	即铜瓦殿原名迦叶寺，在猢狲梯之下，左有袈裟石右，百步许接华首门
六十七庵	补处庵	在白云寺下，背靠罗汉壁
	幻住庵	在林泉室下一里许
	尊胜塔院	在天池山乃鸡足左峰尽处，回顾一山如张图画
	弥勒院	在慧灯庵左，背靠迦叶殿
	片云居	在集贤山下，古雪斋之左
	白云居	在天池山下，右去二百步为圆净庵
	古雪斋	在集贤山下，片云居右
	罔措斋	在宝莲庵内
	息阴轩	在观音寺之南
	菩提场	在般若庵左
	圆净庵	在白云居右岭
	法界庵	在圆净庵右岭
	五华庵	在龙泉庵左
	无我庵	在龙泉庵上
	龙泉庵	在小龙潭上
	大乘庵	在大士庵左
	大士庵	在大智庵左
	大智庵	在净觉庵左
	净觉庵	在圆通寺左
	极乐庵	在净觉庵右，旧为涌泉庵，在宝莲庵斗母阁之上
	宝莲庵	在凤毛山下，净觉庵上，古名莲宗寺
	万寿庵	在西竺寺右
	卿云庵	在潮音阁上

续表

数量	寺庵名称	分布情况
六十七庵	牟尼庵	在钵盂庵右，隔涧半里许
	法华庵	在观音寺右
	灵源庵	在观音寺之上
	妙觉庵	在燃灯寺下
	天竺庵	在慧灵庵之下
	慧灵庵	在天竺庵上
	云海庵	在祝国寺下
	无住庵	在隆祥寺右里许
	凌霄庵	在明歌坪右腋凌霄山之下
	慧灯庵	在弥勒院西，背靠迦叶殿
	海会庵	在胜峰寺之下
	积行庵	在满月轩西
	水月庵	在寂光寺右
	昙花庵	古名八角庵，在传衣寺之左
	净云庵	在弥陀庵左
	圆通庵	在弥陀庵右
	弥陀庵	在圆通庵左
	万松庵	在松云山下
	般若庵	在菩提场右岭下
	慈云庵	在传衣寺，垂冈左侧
	开化庵	在慈云庵下
	云溪庵	在报恩寺右
	白石庵	在白石崖，乃鸡足右峰尽处，左二里许接洗心桥，右二里许接辞佛台
	金华庵	在檀花箐西五里许
	伏虎庵	在曹溪庵之西崖
	曹溪庵	在古佛洞西左腋出泉甘美如曹溪
	功德庵	在八功德水上
	藏头庵	在盘陀石北小澄台上
	兜率庵	在滴雪崖前
	观音庵	在象鼻山宝藏庵之上
	宝藏庵	在观音庵下燃灯寺之上
	圆觉庵	在凌霄庵右岭下
	瀑布庵	在瀑布崖之西

续表

数量	寺庵名称	分布情况
六十七庵	净土庵	在传衣寺下
	慈圣庵	在净云庵右
	大力庵	在弥陀庵内
	水露庵	在大士阁下
	奉真庵	在翔龙寺下
	盘龙庵	在法明寺前
	狮子庵	在狮子林山后狮子窝，其间林木深旷，人不能居
	东坞庵	在狮子庵之北东坞村
	继周庵	在山麓沙址内
	祇园庵	在沙址村右
	永胜庵	在沙址村后
一百七十一静室	四十九处罗汉壁静室	罗汉壁
	三十处旃檀林静室	旃檀林
	四十二狮子林静室	狮子林
	五十二处静室	诸庵院

注：根据（清）范承勋《鸡足山志》和（清）高奣映《鸡足山志》整理。

附表 5-2 明清鸡足山静室分布统计一览表

数量	静室名称	分布情况
四十九处罗汉壁静室	安心处	在西来寺之东二里许，屋止三楹，附崖而构窄处，梯栈为阶，老树修竹，交映左右
	撒手处	在杨黼洞左，下临悬崖，势颇危仄而结构精好，左有小楼坐揽云山，别具静远之致
	栖真处	在杨黼洞旁
	半空庵	即幻空静室右碧云寺上，乃张直指与幻空老僧问荅处
	天然堂	在宝印庵之东
	宝印庵	在停云庵之东
	停云庵	旧名还真室在宝印庵西
	还慈室	在半空庵之左
	普光庵	即还普静室在半空庵之右
	体然庵	在普光庵下
	一笑轩	在体然室之下
	自觉庵	即觉融静室在碧云寺下水井之上
	贯彻室	在水井之旁
	甘露轩	原名会心室，在碧云寺左
	休歇处	在四观峰西北四五里许其下出泉，峰顶比丘汲饮于此
	古佛洞圃标	在华首门西古佛洞之下
	望北庵	在插屏山崖上
	献果庵	在藏头庵西
	桃源庵	在小桃源洞前
	摩云居	在兜率庵右
	海印庵	在伏虎庵旁
	广西室	在软瀑之旁
	青斋庵	在蛇洞门前
	洛伽庵	在猴子洞昔大千和尚居静于此
	盘陀石圃团标	在放光寺西盘陀石上石附崖而起高数十丈，僧归空结茅于上，架桥以登，俯视千崖万壑，最为奇险
	悉怛多室	在飞凰岭之左，太古庵右
	太古庵	在觉灵寺右岭上，昔僧老古栖静于此穴土为洞人呼为老古洞
	净业居	在放光寺御藏阁之左，昔僧阅藏于此
	叶子蓬	在放光寺左崖下，旁有怪石澄泉
	衡阳庵	即岳山静室在放光寺下三里许，岳山石洞之旁，清流激湍，映带左右
	宝山室	在凌霄庵之下铁脚报山居静于此

续表

数量	静室名称	分布情况
四十九处罗汉壁静室	静居林	在圣峰寺之左半里许
	般若崖室	在白云寺之左崖上
	紫柏崖室	在白云寺右岭崖上，圣峰寺僧结茅于此
	楞伽居	在紫柏崖西
	大云庵	旧名法云室，在圣峰寺左二百步
	法行室	在弥勒院左兜率石旁
	宝光庵	在观音庵左隔涧里许
	斋云庵	在楞伽石之下
	会云居	在楞伽居之右
	体如轩	在补处庵下里许
	松云堂	在体如轩左
	智印室	在体如轩右
	禅心室	在体如轩之右岭下
	丹霞庵	在补处庵左岭下
	全真室	在燃灯寺后岭上二里许
十三处旃檀林静室	烟霞室	在旃檀林玉霖轩右岭下二里眠狮石之左
	玉霖轩	在旃檀林老僧崖下，左有悬瀑，天启年僧殊胜初建，其徒学蕴参禅于此
	止水室	在积行庵右岭隔涧半里许
	素雯居	即年碍室在玉霖轩左
	毗婆室	在旃檀林
	止月庐	在旃檀林
	碧桃轩	旧为学弘静室在素雯居之上
	赤昙庵	即隔凡室，在老僧崖上
	半山舫	原名大乘室在旃檀林望台之西
	梨花庵	即了尘室，在半山舫西
	野鸡蓬	在老僧崖右
	无疆室	在老僧崖下
	松竹居	在旃檀林
四十二狮子林静室	念佛堂	在狮子林前有小楼俯瞰万壑，竹树深映，境颇幽胜
	云深处	在念佛堂之右
	藏海莲居	在念佛堂之下
	观音崖室	在藏海莲居之下，万历年僧大力习静于此，开辟狮子林为诸静室之始
	吼天坪	在狮子林左岭一名大静室

续表

数量	静室名称	分布情况
四十二狮子林静室	六波罗密	在念佛堂左，天启年僧玄月结茅于此，崇祯间僧圆常就其址建一大草阁，四围构六小静室故名
	圆明室	在六波罗密之左
	松月阿	在狮子林吼天坪之
	守白室	在圆明室后
	石笋庵	即无心室在圆明室
	普照室	在狮子林六波罗密之右
	灿辉室	在狮子林松月阿之下
	鼻峰舍	在狮子林右岭
	雪岸居	在鼻峰舍右
	石弹轩	在雪岸居右
	慧光庵	在雪岸居之上
	无宗庵	在石弹轩右岭上
	和光室	在云深处之右
	翠宇室	在和光室下
	若野室	在垂虹居之右腋
	支秋庵	在若野室之下旁有涌泉，崇祯元年建乃仙陀栖禅处
	水雪庵	原名约宇室，在吼天坪之右
	太清居	在念佛堂之上
	倚天庵	在太清居之上即石广洞之左
	纯持室	在倚天庵之左，前有片云石
	智行室	在普照室之上
	还忠室	在守白室之上，前有寿星崖
	青霞居	在无心室之下
	偏空居	在无心室之右
	黄玉居	在珠帘水之左
	弥陀室	在松月阿之下
	慧剑庵	在无宗室之下
	太素庵	在石弹轩之下
	密用室	在太素庵之左
	晓天庵	在容宇室右箐中石洞边
	无尘室	在晓天庵之左石壁下
	虚白居	在若野室之右

续表

数量	静室名称	分布情况
四十二狮子林静室	容与处	即容宇室，在晓天庵之左岭上
	垂虹居	即永川室，在若野室之左肩上
	惠通庵	即惠然室，在虚白居之右
	林泉室	在狮子林之麓幻住庵后里许
十五处九重崖静室	一衲轩	在九重崖，背倚高岭面俯西山，地宇宏敞，重阁相向
	寒山楼	在九重崖白鹿洞下奇石怪树，层绕左右，地下甚广而野花杂卉，颇极崖居之趣
	山月扉	在白鹿洞下寒山楼之东
	瑞云轩	即应机室在一衲轩下
	法义室	在瑞云轩下
	静观庵	旧为文玺室，在法义室上，河南僧文玺习静于此二十余年足不越户
	木庵	在一衲轩左
	知宗室	在山月扉下
	枕流居	在自得庵之上
	自得庵	即道本室在枕流居下
	太玄庵	旧名大定室，在自得庵之左
	韬光室	在山月扉东
	美庵室	在九重崖白鹿洞下寒山楼之上
	柔知庵	即月庵室在枕流居旁
	纯白室	在白鹿洞下寒山楼之下
五十二处诸庵院静室	绿净山房	在天池山下，钵龙室前毗沙精舍之右，砥石正当其前，左为倒影池
	毗沙精舍	在白云居右
	钵龙室	在天池山下毗沙精舍之右
	觉容室	在片玉山前古雪斋下百步许
	不二轩	在满月山下悉檀寺后
	断际处	在五华庵上
	翠柏居	在圆净庵左
	华池室	在圆净庵右
	柔绿轩	即无为室在法界庵之左
	处约室	在法界庵右
	肃月轩	即恒然室，在五华庵左
	不知处	在无我庵右
	拈花精舍	在圆净庵右岭
	贝叶斋	在悉檀寺法云阁之旁

续表

数量	静室名称	分布情况
五十二处诸庵院静室	摩诃室	在大乘庵右
	中峰室	在圆通寺左
	洒陀轩	在卿云庵左
	隐空居	在卿云庵右
	离钓室	在潮音阁内
	置帚居	在龙华寺内
	大云居	在龙华寺左隔涧百步许
	法兴室	在西竺寺后
	炼魔室	在万寿庵之右，昔有河
	优昙室	在千佛寺左
	宽宇室	在法华庵右
	古镜室	在水月庵下
	云鹤坞	在水月庵内
	满月轩	在水月庵右
	灵源精舍	在法华庵右隔涧半里许
	燃灯室	在燃灯寺之下
	夔宇室	在云海庵内
	持心室	在云海庵右
	楞伽室	在华严寺后檀溪崖上
	清音室	在大士阁左涧中
	玩虎居	在报恩寺左
	水云居	在传衣寺后
	可是楼	在水云居左
	静笑居	即定庵室，在水云居前
	幻智楼	在圆通庵后，万历年僧释禅居静于此
	懒云窝	在净云庵内
	无我室	在净云庵内
	怀玉圃标	在雷音寺内
	寄寄斋	在九莲寺左
	秋雪庵	即彼岸室，在传衣寺左箐中
	福缘林	在秋雪庵之左
	梅隐庵	就为无方室，在东瓜邑山
	金华室	在金华庵之下三里许

续表

数量	静室名称	分布情况
五十二处诸庵院静室	问天处	即体微室，在翔龙寺之前半里许
	瑞莲精舍	在鸡坪
	净云室	在罗摩苴箐
	碧云山房	在牟尼山上十里许
	莲花山房	在大石洞山上十里许

注：根据（清）范承勋《鸡足山志》和（清）高奣映《鸡足山志》整理。

附表 5-3 鸡足山前中支寺庵分布一览表

名称	分布特征	类型	位置定位
传灯寺	在猢狲梯之下，左有袈裟石，右百步许接华首门	寺院	实测
兜率庵	在滴水崖前	庵院	实测
摩云居	在兜率庵右	罗汉壁静室	推测
迦叶殿	在插屏山麓，登绝顶悬崖之半	寺院	实测
慧灯庵	在弥勒院西背靠迦叶殿	庵院	实测
弥勒院	在慧灯庵左背靠迦叶殿	庵院	实测
法兴室	在弥勒院左兜率石旁	诸庵院静室	推测
圣峰寺	在钟灵山前即古明歌坪，背靠青檀山，面向尊胜塔院，左去数百步接净居林	寺院	实测
净居林	在圣峰寺之左半里许	罗汉壁静室	推测
隆祥寺	古名白井庵，在圣峰寺垂峦下三里许	寺院	推测
海会庵	在圣峰寺之下	庵院	推测
大云庵	旧名法云室，在圣峰寺左二百步	庵院	推测
寂光寺	在锦霞山之下，背靠旃檀林	寺院	实测
水月庵	在寂光寺右	庵院	实测
古镜室	在水月庵下	诸庵院静室	推测
云鹤坞	在水月庵内	诸庵院静室	推测
满月轩	在水月庵右	诸庵院静室	推测
积行庵	在满月轩西	庵院	推测
首传寺	在积行庵西南，另据《鸡足山志》中九溪桥描述，由首传寺过九溪桥到燃灯寺	寺院	推测
燃灯寺	在象鼻山前，首传寺右二里许	寺院	推测
全真室	在燃灯寺后岭上二里许	罗汉壁静室	推测
燃灯室	在燃灯寺之下	诸庵院静室	推测
妙觉庵	在燃灯寺下	庵院	推测
千佛寺	在寂光寺之下，前对灵源庵	寺院	实测
优昙室	在千佛寺左	诸庵院静室	推测
灵源庵	在观音寺之上	庵院	实测
观音寺	在息阴轩后	寺院	推测
息阴轩	在观音寺之南	庵院	推测
法华庵	在观音寺右	庵院	推测
宽宇室	在法华庵右	诸庵院静室	推测
灵源精舍	在法华庵右隔涧半里许	诸庵院静室	推测

续表

名称	分布特征	类型	位置定位
三摩寺	在象头山前，即大士阁	寺院	实测
清音室	在大士阁左涧中	诸庵院静室	推测
共计：寺庵 33 座，其中寺院 10 座、庵院 11 座、静室 12 处			

附表 5–4 鸡足山东支寺庵分布一览表

名称	分布特征	类型	位置定位
大觉寺	在紫云山前，万寿庵之上，背靠望台，左去龙华寺数百步，右临千佛阁	寺院	实测
万寿庵	在西竺寺右	庵院	实测
炼魔室	在万寿庵之右，昔有河	诸庵院静室	推测
龙华寺	在白花山前，西竺寺之上，背靠望台，左接极乐庵（慧幢庵）右邻大觉寺	寺院	实测
卿云庵	在潮音阁上	庵院	推测
洒陀轩	在卿云庵左	诸庵院静室	推测
隐空居	在卿云庵右	诸庵院静室	推测
离钓室	在潮音阁内，潮音阁在龙华寺内	诸庵院静室	推测
置帚居	在龙华寺内	诸庵院静室	推测
大云居	在龙华寺左隔涧百步许	诸庵院静室	推测
西竺寺	在龙华寺之前	寺院	推测
法兴室	在西竺寺后	诸庵院静室	推测
圆通寺	在西竺寺东	寺院	推测
中峰室	在圆通寺左	诸庵院静室	推测
净觉庵	在圆通寺左	庵院	推测
宝莲庵	在凤毛山下净觉庵上古名莲宗寺	庵院	推测
罔措斋	在宝莲庵内	庵院	推测
极乐庵	在净觉庵右，旧为涌泉庵，在宝莲庵斗母阁之上	庵院	实测
大智庵	在净觉庵左	庵院	实测
石钟寺	在仙鹤山下背靠狮子林望台面向钵盂山	寺院	实测
迎祥寺	即钵盂庵在石钟寺之南钵盂山下	寺院	实测
悉檀寺	在满月山下，大龙潭之上，后靠石鼓峰	寺院	实测
罗汉寺	在大龙潭上悉檀寺前	寺院	推测
不二轩	在满月山下悉檀寺后	诸庵院静室	推测
贝叶斋	在悉檀寺法云阁之旁	诸庵院静室	推测
五华庵	在龙泉庵左	庵院	实测
龙泉庵	在小龙潭上（小龙潭：一名椏枝泉，在悉檀寺后冈上五华庵前，晶碧一泓，杞椏樵竹，丛茸杂映，清流远引，澄泛无际）	庵院	推测
无我庵	在龙泉庵上	庵院	推测
不知处	在无我庵右	诸庵院静室	推测
断际处	在五华庵上	诸庵院静室	推测

续表

名称	分布特征	类型	位置定位
肃月轩	即恒然室，在五华庵左	诸庵院静室	推测
圆净庵	在白云居右岭	庵院	实测
翠柏居	在圆净庵左	诸庵院静室	推测
华池室	在圆净庵右	诸庵院静室	推测
白云居	在天池山下右，去二百步为圆净庵	庵院	推测
法界庵	在圆净庵右岭	庵院	推测
处约室	在法界庵右	诸庵院静室	推测
柔绿轩	即无为室在法界庵之左	诸庵院静室	推测
毗沙精舍	在白云居右	诸庵院静室	推测
钵龙室	在天池山下毗沙精舍之右	诸庵院静室	推测
绿净山房	在天池山下钵龙室前毗沙精舍之右，砥石正当其前，左为倒影池	诸庵院静室	推测
圆通庵	在弥陀庵右	庵院	推测
弥陀庵	在圆通庵左	庵院	推测
大力庵	在弥陀庵内	庵院	推测
净云庵	在弥陀庵左	庵院	推测
大智庵	在净觉庵左	庵院	实测
大士庵	在大智庵左	庵院	推测
大乘庵	在大士庵左	庵院	实测
摩诃室	在大乘庵右	诸庵院静室	推测
片云居	在集贤山下古雪斋之左	庵院	实测
古雪斋	在集贤山下片云居右	庵院	推测
兰陀寺	在金龙潭，背靠狮子林	寺院	实测
念佛堂	在狮子林前有小楼俯瞰万壑，竹树深映，境颇幽胜	狮子林静室	实测
云深处	在念佛堂之右	狮子林静室	推测
和光室	在云深处之右	狮子林静室	推测
藏海莲居	在念佛堂之下	狮子林静室	推测
观音崖室	在藏海莲居之下，万历年僧大力习静于此，开辟狮子林为诸静室之始	狮子林静室	推测
六波罗密	在念佛堂左，天启年僧玄月结茅于此，崇祯间僧圆常就其址建一大草阁，四围构六小静室故名	狮子林静室	推测
圆明室	在六波罗密之左	狮子林静室	推测
守白室	在圆明室后	狮子林静室	推测
石笋庵	即无心室在圆明室左	狮子林静室	推测

续表

名称	分布特征	类型	位置定位
普照室	在狮子林六波罗密之右	狮子林静室	推测
太清居	在念佛堂之上	狮子林静室	推测
倚天庵	在太清居之上即石广洞之左	狮子林静室	推测
纯持室	在倚天庵之左，前有片云石	狮子林静室	推测
智行室	在普照室之上	狮子林静室	推测
还忠室	在守白室之上，前有寿星崖	狮子林静室	推测
青霞居	在无心室之下	狮子林静室	推测
偏空居	在无心室之右	狮子林静室	推测
尊胜塔院	在文笔山乃鸡足左峰尽处	庵院	实测
报恩寺	在尊胜塔院垂冈之下	寺院	实测
玩虎居	在报恩寺左	诸庵院静室	推测
云溪庵	在报恩寺右	庵院	推测
共计：寺庵 73 座，其中寺院 10 座、庵院 24 座、静室 39 处			

附表 5-5 鸡足山西支寺庵分布一览表

名称	分布特征	类型	位置定位
放光寺	在琼楼山下倚壁参天面山横案	寺院	实测
觉灵寺	在放光寺西三里许	寺院	推测
藏头庵	在盘陀石北小澄台上	庵院	推测
献果庵	在藏头庵西	罗汉壁静室	推测
悉怛多室	在飞凰岭之左，太古庵右	罗汉壁静室	推测
太古庵	在觉灵寺右岭上，昔僧老古栖静于此穴土为洞人呼为老古洞	罗汉壁静室	推测
净业居	在放光寺御藏阁之左，昔僧阅藏于此	罗汉壁静室	推测
叶子蓬	在放光寺左崖下，旁有怪石澄泉	罗汉壁静室	推测
衡阳庵	即岳山静室在放光寺下三里许，岳山石洞之旁，清流激湍，映带左右	罗汉壁静室	实测
盘陀石圃标	在放光寺西盘陀石上，石附崖而起，高数十丈，僧归空结茅于上，架桥以登，俯视千崖万壑，最为奇险	罗汉壁静室	推测
古佛洞圃标	在华首门西古佛洞之下，古佛洞在八功德水之上，石窍横并，俨若胡床，仅堪容膝	罗汉壁静室	推测
伏虎庵	在曹溪庵之西崖	庵院	实测
曹溪庵	在古佛洞西左腋，出泉甘美如曹溪	庵院	实测
海印庵	在伏虎庵旁	罗汉壁静室	推测
传衣寺	在凤凰山下，背靠万松山冈，左尊胜塔右白石庵，得山水大会，鸡足中峰尽处也	寺院	实测
昙花庵	古名八角庵，在传衣寺之左	庵院	实测
慈云庵	在传衣寺垂冈左侧	庵院	推测
开化庵	在慈云庵下	庵院	实测
净土庵	在传衣寺下	庵院	推测
水云居	在传衣寺后	诸庵院静室	推测
秋雪庵	即彼岸室，在传衣寺左箐中	庵院	推测
可是楼	在水云居左	诸庵院静室	推测
静笑居	即定庵室，在水云居前	诸庵院静室	推测
福缘林	在秋雪庵之左	诸庵院静室	推测
雷音寺	在净云庵左	寺院	实测
怀玉圃标	在雷音寺内	诸庵院静室	推测
华严寺	在鸡足中峰之中背靠熊罴冈，面向九重崖	寺院	实测
楞伽室	在华严寺后檀溪崖上	诸庵院静室	推测
祝国寺	在毗卢阁左	寺院	实测

续表

名称	分布特征	类型	位置定位
云海庵	在祝国寺下	庵院	实测
法明寺	在毗卢阁之上	寺院	推测
盘龙庵	在法明寺前	庵院	推测
夔宇室	在云海庵内	诸庵院静室	推测
持心室	在云海庵右	诸庵院静室	推测
接待寺	即古福缘寺，在中峰之麓，背靠传衣山冈，左里许接九莲寺	寺院	实测
九莲寺	在福缘寺西里许	寺院	实测
寄寄斋	在九莲寺左	诸庵院静室	推测
共计：寺庵 37 座，其中寺院 9 座、庵院 10 座、静室 18 处			

附表 5-6 鸡足山主要临水寺庵情况一览表

名称	所临水体	位置概况
曹溪庵	曹溪水	相邻
	八功德水	庵于水上
迦叶殿	九子龙王溪	在迦叶殿东五十步，此溪源最高水最涌合三献诸水而下注于旃檀诸溪
白云寺	鸣琴溪	鸣琴溪之东
补处庵	鸣琴溪、摩罗泉、石鹿泉	鸣琴溪之东；摩罗泉在补处庵左，鸣琴溪中，水从三大石中流出；石鹿泉在补处庵前，水自二大石下流出，其石蹲立作势，有似鹿之饮川也
寂光寺	旃檀溪、水莲泉	在寂光寺左深窅回曲，树石笼映，众水奔赴，湍浪激荡，上有大桥名曰响雪；水莲泉在寂光寺后麓，左涧有小山突起复凹，如缺水自此中出离寺半里许
兰陀寺	花石溪、金龙泉、白露泉	均在寺内，溪不甚大而回曲清浚，树石蒙绕，实为幽僻；白露泉在兰陀寺门首，离寺一百八十步
幻住庵	花石溪、天乳泉	花石溪在庵内；天乳泉在幻住庵前，东涧中泉水清莹，浮花泛彩，名天乳
华严寺	黄沙溪	在华严寺前窈窕层折，竹树茂密，冲涛啮石声乱钟板，上横巨桥，题曰德水
大乘庵	倚仗溪	在大乘庵之左，上有逍遥桥
金华庵大圣寺、翔龙寺诸刹	赤蕨溪	在山后西北金华庵大圣寺翔龙寺诸刹之中
伏虎庵	虎跳涧	临近
传衣寺	集流涧、浣衣泉	在传衣寺旁，众流汇集，高下欹折，乍大乍细，叠注支流汇而为瀑；浣衣泉水出传衣寺右腋
接待寺	石钟涧	在接待寺之左，万水奔赴树石窅冥，猿栖鸟呼，行者感动
鲁摆静室	东峡瀑	在鲁摆静室下猴子洞东，其源自曹溪水来，东从藏头庵下湊泊萦旋
藏头庵	东峡瀑	在鲁摆静室下猴子洞东，其源自曹溪水来，东从藏头庵下湊泊萦旋
悉檀寺	大龙潭	在悉檀寺前昔时水深林翳，阴森寒悚
五华庵	小龙潭	一名桠枝泉，在悉檀寺后冈上五华庵前，晶碧一泓，杞桠樵竹，丛茸杂映，清流远引，澄泛无际
隆祥寺	一泓泉	在隆祥寺之左，清洁香美，逾于他水
无住庵	清凉泉	在无住庵左侧
念佛堂	石漏	即白云泉，在念佛堂后，青碧千仞，杂树倒垂，旁突一石支崖凌虚上实下虚，宛若悬钟
法云室	云涌泉	水出法云室之左，莹洁胜涌，不啻白云出洞
放光寺	涌莲泉、一滴泉、一叶泉	在放光寺前七十余步，其泉周围多产木莲花；一滴泉在龙吟壑中由放光寺右流过；一叶泉在放光寺叶子蓬之前
继周庵	洁泉	庵中
止止庵	香樟泉	庵内
道本静室	醉象泉	流自九重崖东石窟中，去道本静室三十步，从一衲轩流过
一衲轩	醉象泉	流自九重崖东石窟中，去道本静室三十步，从一衲轩流过

续表

名称	所临水体	位置概况
静居林	碧绀泉	其泉自静居林左涧流出，去静室六十步，水作青碧色，迥异他泉
凌霄庵	鹳鹉泉	水出凌霄庵左涧中，去庵三百步
法明寺	树手泉、盘龙泉	树手泉流自法明寺左涧中，去寺半里许；盘龙泉在法明寺门首，水从盘龙庵故址下流出
首传寺	四论泉	自首传寺右涧中出，去寺四十步
大觉寺	弄珠泉	从大觉寺左涧浸流相去一里，分注过白花山潮音阁
庆云庵	铁骨泉	自庆云庵后麓流出，此水注泻甚长，资给广远缁素汲引前后不辍
龙华寺	五云泉、莲须泉	从庆云庵路旁泻出，流过龙华寺；莲须泉在龙华寺右涧中泻出
西竺寺	笔花泉	在西竺寺门外，其池形如半月，寺门内原有旧泉久而渐湮，此即旧泉所注也
净觉庵	鹅眼泉	水自净觉庵后小涧中，无节树下流出，去寺七丈许
大乘庵	雨香泉	在大乘庵左侧大石下流出
法界庵	青鸟泉	出法界庵溪边下泻无我庵，去庵一百六十尺
无我庵	青鸟泉	出法界庵溪边下泻无我庵，去庵一百六十尺
龙泉庵	染泉	出自龙泉庵后麓，流至庵左，其水与土相渍染布作色甚宜，缁流山中赖之
白云居	停云泉	此水自白云居石窟流出，内外两池方广略等，大约可八九丈，涓流甚涌
古雪斋	点雪泉	自古雪斋左崖下流出，西汇黑龙潭水泻为悬瀑
悉檀寺	庄严泉	出自悉檀寺藏经阁东去阁半里许
尊胜塔院	浴塔泉	尊胜塔院僧为筒自西顾山南麓引渡文笔山北冈，两山对峙，各处高阜，中夹成沟，自界而升，下注上迸，逆流不息，汇而为池，畜鱼资汲，巧具神工不啻。其徒弟以铜引入院内方池中，构小亭，池水平远，俨然蓬岛之胜
菩提场	菩提泉、万松泉	从菩提场右涧泻出；万松泉在菩提场上出古树根下
般若庵	般若泉	一名灵湫水，出般若庵溪左
雷音寺	涌雷泉	出雷音寺前路旁相去百步许
慈云庵	岚影泉	从慈云庵后溪泻出下注开化庵
开化庵	岚影泉	从慈云庵后溪泻出下注开化庵
白石庵	问津泉	出白石庵卧虎洞前，去洞九十步，其水涌出，路旁旱涝无异
翔龙寺	碧落泉、天隐泉	一名双林泉，在翔龙寺左涧两大树种；天隐泉在翔龙寺后山冈回复，林树蒙翳，虽久居者未能探其源脉也
觉林寺	药叉泉	在觉林寺旁去寺半里许
鼻峰舍雪岸居诸静室	清碧泉	在无声吼之右，从大石间流出，鼻峰舍雪岸居诸比丘咸引之以宽负汲
净云庵	云友泉	在净云庵门外涧中
开化庵	让泉	原在开化庵内，有龙居焉，人不敢犯，后建开化庵，龙移居庵门外，僧众赖之泉之得名由是矣

续表

名称	所临水体	位置概况
九莲寺	莲子泉	在九莲寺之右

注：根据（清）范承勋《鸡足山志》和（清）高奣映《鸡足山志》整理。